现代稻作绿色生产技术

杨艳斌　高广金　主编

中国农业大学出版社
·北京·

内容简介

本书内容分为10章:第一章　世界栽培稻种起源于中国;第二章　世界水稻发展概况;第三章　水稻生长发育及产量形成;第四章　水稻优良品种的推广;第五章　稻田的土、肥、水及管理;第六章　培育水稻壮秧;第七章　稻田综合种养技术;第八章　再生稻栽培技术;第九章　直播稻栽培技术;第十章　稻作灾害综合防治技术。本书可供高等职业种植类专业作为教学用书,还可供广大农业科技工作者、新型农业经营主体和种粮大户参考使用。

图书在版编目(CIP)数据

现代稻作绿色生产技术 / 杨艳斌,高广金主编. —北京:中国农业大学出版社,2021.12

ISBN 978-7-5655-2654-1

Ⅰ.①现…　Ⅱ.①杨…　②高…　Ⅲ.①水稻栽培－无污染技术　Ⅳ.①S511

中国版本图书馆CIP数据核字(2021)第237158号

书　　名　现代稻作绿色生产技术

作　　者　杨艳斌　高广金　主编

策划编辑　张　玉　　**责任编辑**　张　玉

封面设计　郑　川

出版发行　中国农业大学出版社

社　　址　北京市海淀区圆明园西路2号　　**邮政编码**　100193

电　　话　发行部 010-62733489,1190　　读者服务部 010-62732336

编辑部 010-62732617,2618　　出　版　部 010-62733440

网　　址　http://www.caupress.cn　　**E-mail** cbsszs @ cau.edu.cn

经　　销　新华书店

印　　刷　北京时代华都印刷有限公司

版　　次　2021年12月第1版　　2021年12月第1次印刷

规　　格　787×1 092　　16开本　　12.75印张　　200千字

定　　价　39.00元

编写人员

主　　编　杨艳斌　湖北省现代农业展示中心

　　　　　高广金　全国劳模高广金农业科技创新工作室

副 主 编　王海萍　湖北生物科技职业学院

　　　　　张琼华　湖北省农业农村厅种植业管理处

　　　　　金国胜　湖北省农业科技人才办公室

　　　　　许　林　湖北省沙洋县农业农村局

参　　编　（按姓氏拼音排序）

　　　　　邓红军　湖北省宜昌市农业技术推广中心

　　　　　邓小垦　湖北省宜昌市夷陵区农业技术服务中心

　　　　　翟中兵　湖北省武穴市现代农业示范中心

　　　　　段忠桥　湖北省孝感市孝南区康优家庭农场

　　　　　符家安　湖北省潜江市农业技术推广中心

　　　　　谷　勇　湖北省恩施自治州植物保护站

　　　　　龚元成　湖北省竹山县耕地质量与肥料管理站

　　　　　侯应霞　湖北省农业科技人才办公室

　　　　　缪　斌　湖北省武汉市黄陂区王家河街农业服务中心

　　　　　潘智玲　湖北省枣阳市农业技术推广中心

　　　　　宋红志　湖北省武穴市大金镇农业技术推广服务中心

　　　　　孙国锋　湖北省建始县农作物良种推广站

　　　　　向喜华　湖北省巴东县土壤肥料工作站

　　　　　许燕子　湖北省襄阳市襄州区农业技术推广中心

　　　　　易　青　湖北省宜都市农业农村局

　　　　　张　羽　湖北省黄梅县农业技术推广服务中心

　　　　　周厚财　武汉隆福康农业发展有限公司

　　　　　周祖红　湖北省巴东县植物保护站

　　　　　邹　游　湖北省公安县农业农村科技服务中心

前　言

民以食为天，食以稻为先。中国稻作技术已推广到全世界 120 多个国家，在全球 75 亿多人口中，有 60% 的人口以稻米为主粮。中国作为人口大国，粮食安全始终是关系国计民生的大事，稻米有效供给对保证粮食安全有重要意义。

水稻是全世界的主要谷物粮食，遍布五大洲，近 20 年来，稻谷种植面积稳定在 1.6 亿 hm^2 以上，总产量 7.5 亿 t 左右。我国是稻作发源地、稻作生产古国和大国，稻种资源丰富。20 世纪 50 年代的水稻矮化育种、20 世纪 70 年代以来的杂交水稻成功培育与推广，实现了稻作生产的两次飞跃，推进了“绿色革命”的持续发展，为世界粮食增产做出了突出贡献。

进入 21 世纪以来，随着全球人口快速增长，以及人民生活水平的日益提高，对稻米的需求数量持续增加，对稻米的质量要求不断提升，给稻作生产提出了更高的要求。广大农业科技工作者，持续开展稻作科技攻关研究，选育出了高产稳产、品质优良、适应性广、抗逆性强、适宜机械化生产、亩产超吨粮、品质达国标的优良品种，并集成了稻-鱼、稻-虾、稻-蛙、稻-螺、稻-鸭综合种养和再生稻栽培等高效种养模式，创造出每公顷生产 7 500 kg 粮、盈利 3 000～10 000 元的稳粮提质增效模式。

为了更好地推进稻作生产的发展，走种植规模化、全程机械化、经营集约化、生产标准化、效益最大化的绿色发展路子，编者收集整理了国内外稻作研发成果、产业发展经验，以及湖北省现代农业展示中心 10 多年来的集成栽培技术试验研究，供“一村一名大学生”计划学员、广大农业科技人员、新型农业经营主体和种粮大户在发展水稻产业上因地制宜地参考使用。

本书编写过程中，得到了科研、教学、推广和加工企业的大力支持，在此一并表示感谢！由于编写时间仓促和作者水平所限，书中难免有不完善之处，敬请专家、学者、读者提出宝贵意见，以利纠正。

编　者

2021 年 1 月

目　录

第一章

世界栽培稻种起源于中国

目前，学术界一般认为稻属有 2 个栽培种、20 个野生种，一个是亚洲栽培稻（*Oryza sativa*），又名普通栽培稻；另一个是非洲栽培稻（*Oryza glaberrima*），又名光稃栽培稻。稻原产热带，其中普通栽培稻起源于中国热带地域，广泛分布于亚洲、非洲、美洲、拉丁美洲、大洋洲及欧洲；光稃栽培稻起源于热带非洲马里共和国境内的尼日尔河三角洲，目前仅在西非尼日尔河上游低湿地区有少量栽培。光稃栽培稻与普通栽培稻比较，穗较直立、叶舌较短，尖端钝圆，稃毛、叶茸毛少或无。

普通野生稻是由多年生野生稻进化而来的一年生野生稻，再经人工驯化为一年生普通野生稻。普通野生稻自然生长于沼泽地，茎叶多带紫红色，多蘖散生，穗枝梗散开，着粒少，结实少，谷粒多具长芒，自然落粒性强。普通野生稻与普通栽培稻杂交后代结实率较高，说明二者的亲缘关系较近，所以，一般认为后者是由前者进化而来的。

第一节　稻起源于中国的依据

全世界稻种资源约有 15 万份，我国有稻种资源 6 万份，是保存稻种资源最多的国家。

一、从普通野生稻分布看我国稻种起源

普通野生稻在我国分布在海拔 30～600 m，东起台湾桃园（121°15′E），西至云南景洪（100°47′E）；南起海南岛崖州区崖城镇（18°15′N），北至江西抚州市东乡区（28°14′N）。主要生长在河流两岸的沼泽地、草塘和山洼低湿处。

距今一万年前的原始氏族人，正是在生长着野生稻的环境中，从采集野生稻为食的活动中，观察到自然落谷能萌发生长的现象，从而尝试着播种野生稻谷，重复收获，其播种的过程是种植水稻迈出的第一步。

多年生普通野生稻是多形性植物，自然条件下生长的野生稻主要借宿根进行无性繁殖，也可依靠异花授粉，结少量种子，进行有性繁殖。从野生转入种植以后，种子繁殖得到发展，无性繁殖退居次要。原始社会的人们开始选用落粒性较弱、休眠性较低和结实率较高的种子，并从多年生向一年生栽培过渡，由此形成水稻的原始栽培型。

二、从考古发掘看我国稻种起源

过去国外学者曾认为从野生稻被驯化成的栽培稻，起源于印度的阿萨姆和我国的云南一带。20 世纪 70 年代在浙江余姚河姆渡发现距今 7 000 年前稻作遗址，并出土了大量的稻谷遗存，考古发现说明当时的稻作农业已较发达，早于印度发现的炭化稻 2 000 年左右。虽然之后印度也发现了距今 6 500 年和 7 000～8 000 年前的稻谷遗存，但是中国又相继在长江中游地区和淮河上游地区，发现了距今 8 500～14 000 年前的稻谷遗存，为栽培稻的起源提供了考古学论证。例如 1993 年在湖南道县玉蟾岩遗址，发现上下叠压的稻谷遗存，为距今 14 000 年前的野生稻谷和距今 10 000 年前的人工栽培稻谷，这是目前世界上发现最早的人工栽培稻标本，尚保留野生稻、籼稻以及粳稻的综合特征。

1993 年以来，北京大学严文明教授和美国著名考古学家理查德·马尼士博士率领的中美联合考古队，在江西鄱阳湖东南之滨的万年大源盆地的仙人洞与吊桶环遗址土样标本中，检测到人工栽培稻谷的植硅石，发现了距今 12 000 年前的稻作遗存。经研究认为，此处水稻植硅石呈现从野生到栽培籼、粳稻特征，即为其祖型，由此认定这里是世界稻作起源地。2000 年，浙江省考古所和浦江

博物馆在浦阳江上游上山新石器时代遗址（约 10 000 年前）考古调查中，发现了圆石球、不规则扁长方体的磨棒、形制较大的石磨盘及厚胎夹炭红陶器，初步分析认为当年的浦江人就是把稻谷放在石磨盘上，然后用石磨棒来回摩擦磨出大米的。另外，在广东英德牛栏洞遗址，也发现了非籼非粳水稻硅质体，考证其稻作遗存年代在 12 000～14 000 年前（表 1-1）。

表 1-1　我国新石器时代遗址出土稻谷的鉴定

地区	遗址名称	鉴定结果	年代（公元前）	文化类型
浙江	余姚市河姆渡	稻谷（籼多、粳少）稻草	4 770±145	河姆渡文化
	桐乡市罗家角	稻米（籼多、粳少）	4 955±155	马家浜文化
	宁波市八字桥	陶片中炭化稻谷	4 065±135	马家浜文化
	吴兴县钱山漾	成堆稻谷，米（籼、粳）	2 760±135	良渚文化
江苏	苏州市吴中区草鞋山	稻谷（籼、粳）	4 325±205	马家浜文化
上海	青浦、崧泽	稻米（籼、粳），稻谷痕迹（籼、粳）	4 180±130	崧泽文化
湖北	宜都市红花套	稻谷	3 380±314	大溪文化
	枝江市关庙山	陶器中央稻谷壳	3 365±130	大溪文化
	京山县屈家岭	红烧土中有谷壳（粳）	2 365±145	屈家岭文化
河南	淅川县黄楝树	稻谷痕迹（似粳）	2 750±145	屈家岭文化
江西	修水县山背跑马岭	红烧土中谷壳	2 825±145	山背文化
	萍乡市大安里	红烧土中谷壳痕迹	新石器晚期	
广东	曲江区石峡	稻谷、米（籼、粳）	2 480±150	石硖文化
云南	宾川县百羊村	稻谷、壳及稻秆痕迹	2 165±105	马龙类型
	元谋县大墩子	稻谷（粳）	1 470±155	
	剑川县海门口	稻穗凝块，有芒（籼）	1 335±155	
台湾	台中市营浦	陶片中谷壳痕迹	约 1 500	
山东	栖霞县杨家园	稻壳		龙山文化

三、从现代生物信息学研究看我国稻种起源

水稻起源于中国，也得到了现代生物信息学研究的证实。2011 年 5 月 2 日，由美国纽约大学的迈克尔·普鲁加南主持，与斯坦福大学、华盛顿大学和普渡大学联合组成研究小组，开展了大规模（630 个基因片段）的更严密的 DNA 研

究。分析结果认为，栽培稻的确是单次起源的，起源的时间约在 8 500 年前，而粳稻和籼稻的分化在 3 900 年前。由此得出结论，野生稻最早在长江中下游驯化为粳稻，之后与黍、杏、桃等作物一起，随着史前的交通线路传到印度，通过与野生稻的杂交，在恒河流域转变为籼稻，最后再传回到中国南方。也就是说，水稻起源于中国，在中国这个“原始中心”和印度这个“次生中心”同时得到发扬。

第二节　中国栽培稻的传播

现有证据较充分地证明，亚洲栽培稻起源于我国南方的长江中下游地区。我们的祖先从栽培野生稻到栽培稻，后逐步形成发达的稻作农业，并在迁徙和民族交流中将水稻传播至全国各地以及亚洲和世界。

一、稻在中国的传播

据考古学家推论，我国南方的稻作是通过长江流域的下游、中游，可能还有上游进入黄河流域的。湖北西北部的郧阳区，河南西南部汉水上游的淅川、中部的舞阳是水稻北进的中路。长江下游、太湖地区是水稻北进的东路，推测水稻可能是从浙江北部、江苏分别通过陆路和沿海向安徽、山东北进。西部是从四川向北进入陕西的渭水流域。在向北传播后，栽培稻特别是籼稻还向南方和西南等地传播。

距今 8 000 年前，在长江下游就产生了较为发达的稻作农耕并创造了灿烂的文化，即河姆渡文化、良渚文化等；在距今 7 500～8 000 年前，水稻传到黄河中下游流域，以稻为基础的文化，逐渐融汇到了产生于北方的以粟为基础形成的中原文化中，加上后来的北方游牧民族文化，共同孕育了博大的中华文化。

水稻在传播中，特别是向西南传播中，各族种稻先民们为了生存的需要，通过勤劳和智慧，在崇山峻岭中开辟出蔚为壮观的梯田，例如，云南红河元江边的哈尼族先民们在哀牢山上建设的梯田，仅元阳县就有 1.133 万 hm^2，

一座山坡上最多的达 3 000 多级。梯田是祖先留给我们的珍贵文化遗产，反映了稻作先民改造自然的伟大成就，也是中华民族独立自强精神的最好体现。

广州被称为羊城、穗城，也是因稻而来。传说“五位仙人携稻穗骑羊驾雾到此游”，这就是水稻传入广州的神话故事。浙江嘉兴又叫禾城，是因为嘉兴早期建成时此地禾苗（即水稻）长势喜人，叫禾兴，后又叫嘉禾，再后来为了避讳改为嘉兴，到现在其别称仍叫禾城。

二、稻向日本和朝鲜的传播

许多研究表明，古代中国水稻是经由北路、中路、南路进入朝鲜和日本。

稻由长江流域北上，经山东半岛渡至辽东半岛，再经陆路或者直接渡海传至朝鲜半岛，再传入日本，此为北路。

稻从江苏北部和长江口渡过黄海或东海进入朝鲜半岛南部，再进入日本，或由长江口以南的江浙沿海渡东海直接进入日本。徐福（秦朝著名方士，曾担任秦始皇御医，后率领三千童男童女自山东沿海东渡日本）东渡日本，传授种稻、酿酒、养蚕等技术的传说在日本流传甚广，此为中路。

稻从福建经台湾和琉球群岛进入日本九州南部。日本古稻种有热带粳稻 DNA 特征，从弥生时期（公元前 300 年—公元 300 年）开始，热带粳稻逐渐被温带粳稻代替，此为南路。

1999 年中日联合开展考古研究，把江苏省内的江淮地区出土的春秋战国末期至前汉时期的人骨与日本九州地区出土的弥生时代的人骨进行比较，用先进的 DNA 解析法对线粒体核糖核酸进行分析，发现两者非常近似，说明公元前 2—3 世纪到日本的“渡来人”，可能有部分是从我国江南过去的。

稻和铁器在公元前 2—3 世纪传入日本后，促成了日本从漫长的旧石器时代（采集渔猎为主，绳文化时代）进入新石器时代（稻作农耕农业，弥生文化时代）之后，稻作农耕和米食文化在日本的发展超过了中国。

三、稻向东南亚和西亚的传播

我国的稻经东南沿海的海路和西南地区的陆路传播到东南亚和西亚。

我国台湾是古代百越水稻文化向东南亚及太平洋岛屿传播和扩展的重要

基地之一。我国大陆东南沿海一带的百越水稻首先传入台湾后（5 000～6 000年前），再传入菲律宾，扩散到爪哇、苏门答腊、马来西亚、印度尼西亚等地，尔后分两个方向迁移，一路向西，到达马达加斯加；另一路向东，到达夏威夷和伊斯特岛。

中南方向，水稻由中国东南和南方逐渐扩散传播到越南北部和南部等。

西南方向，水稻由云南首先传入缅甸北部，再传入印度等国。我国云南西南部、老挝北部、缅甸北部、泰国北部以及印度河萨姆邦区域，都是古代掸族居住的地方，深受百越水稻文化的影响。

古代中国向东南亚、西亚传播了稻作农耕文化，这种文化的传播包括族群的迁徙、作物的种子、耕作技术、祭祀制度等的传播，是一种复合文化的传播。稻作文化的对外传播极大地促进了当地社会的发展。

四、稻传入欧洲和美洲

稻传入印度的恒河中下游地区后，由于此地非常适宜水稻种植，很快发展起来。公元前300年，到印度的亚历山大探险家们把水稻传入希腊及周边地中海地区，再从希腊和西西里岛传遍欧洲南部并带入九州一些地方。非洲新大陆发现后，稻随欧洲殖民者传入；巴西是由葡萄牙人传入，美洲中部和南部一些地方则是由西班牙人传入；美国水稻是1609年由比利时人引入弗吉尼亚。美国路易斯安那自1937年起举办国际水稻节，以引起人们对稻米作为食物重要性的重视，这一节日是该州最大、最古老的农业节日，至今已吸引200多万人参加。

第三节　中国栽培稻品种的分类

我国栽培稻品种有4万余个。根据各类稻种的起源、演变、生态特性及栽培发展过程，可以系统分类。

一、籼稻和粳稻

籼稻是基本型，粳稻是在不同气候生态条件下，由籼稻经过人工选择逐渐演变而形成的变异型（图 1-1）。在植物学分类上已成为相对独立的两个亚种，其亲缘关系相距较远，杂交亲和力弱，杂交结实率低。它们在形态上和生理上具有明显的差别，但必须根据其综合性状进行鉴别。

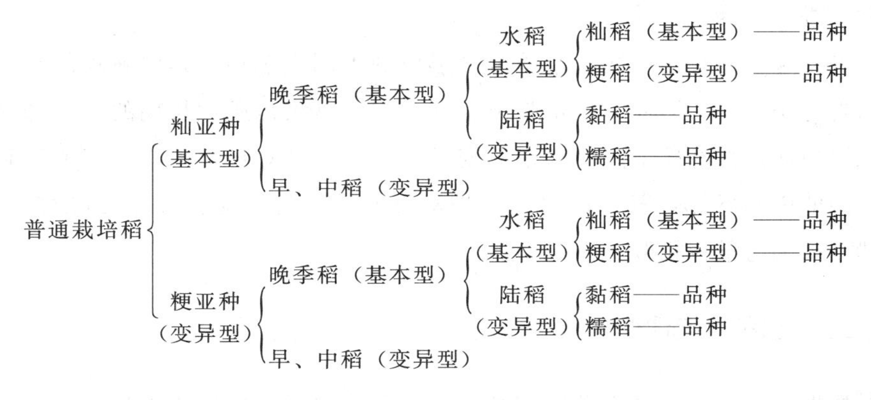

图 1-1　栽培稻种分类系统图

我国稻区中，籼、粳稻的地理分布是从南至北、从低海拔到高海拔，籼稻分布是由多到少，粳稻分布是由少到多，中间地带为籼稻和粳稻交错的过渡地带（表 1-2）。

表 1-2　籼稻与粳稻的主要形态特征及生理特性比较

项目	籼稻	粳稻
形态特征	株型较散，顶叶开张角度小 叶片较宽，叶毛多 籽粒细长略扁，颖毛短而稀，散生 颖面多数无芒或短芒	株型较紧，顶叶开张角度大 叶片较窄，叶色较浓绿，叶毛少或无 籽粒短圆，颖毛长而密，集生在颖尖、颖枝上，长芒或无芒
生理特性	抗寒性较弱，抗稻瘟病性较强 抗旱性较弱，耐肥抗倒一般 分蘖能力强，易于繁茂 易落粒，出米率低，碎米多 胀性大，在苯酚中易着色	抗寒性较强，抗稻瘟病性较弱 抗旱性较强，较耐肥，抗倒 分蘖力较弱，不易繁茂 不易落粒，出米率较高，碎米少 胀性小 在苯酚中不易着色

二、晚稻和早稻

籼稻和粳稻中都有晚稻和早稻，它们在外形上没有明显的区别，主要区别在于对光照长短的反应特性不同。晚稻对日长反应敏感，即在短日照条件下才能进入幼穗分化阶段和抽穗；早稻对日长反应钝感或无感，只要温度等条件适宜，没有短日照条件，即使在长日照条件下，同样可以进入幼穗分化阶段和抽穗。因此，早稻既可以在早季较长日照下栽培，也可以在晚季短日条件下进行“翻秋”种植。

晚稻和早稻是在不同栽培季节中形成的不同生态型，其中晚稻的感光特性与野生稻相似，因此，认定晚稻为基本型；早稻是通过长期的自然选择和人工选择逐步从晚稻中分化出来的变异型；中稻是对日长反应处于晚稻和早稻之间的中间状态，其中的迟熟品种对日照长短的反应特性接近晚稻，早、中熟品种则与早稻相似。

三、水稻和陆稻

根据栽培稻对土壤水分适应性不同，分为水稻（包括浅水稻、深水稻和浮水稻）和陆稻（又称旱稻）两个类型。两者主要区别在彼此耐旱性不同，在形态解剖上和生理生态方面存在一些差别，都是耐旱不同的表现。从稻的系统分类中已知，在籼稻和粳稻的早、中、晚稻中都存在水稻和陆稻。水稻在整个生育期中，都可以适应水生环境，是一种水生或湿生植物；陆稻可以在旱地栽培。水稻的水生环境与野生稻生长的沼泽地带相似，因此，可以认为水稻为基本型，陆稻是变异型。

四、黏稻和糯稻

上述各稻种类型中都有黏稻和糯稻。同一亚种中黏稻和糯稻的外部形态没有明显变异，自然杂交的后代结实率也高。两者的主要区别只是因淀粉的结构不同而米粒颜色各异。糯米为乳白色，没有腹白，几乎全部为支链淀粉，不含或很少含直链淀粉；黏米呈半透明，含支链淀粉70%～80%，直链淀粉20%～30%。所以，前者煮的饭黏性强，后者煮的饭黏性弱，胀性大。

野生稻都属于黏稻。因此，可认为黏稻为基本型，糯稻是由于其淀粉结构成分的变异，经人工选择而演变成的变异型。

五、栽培稻品种的分类

栽培稻品种是根据人们对稻的经济性状、产量、品质、抗性等的需求，经过长期的选择而形成的不同类型的品种。可根据栽培稻品种的特征、特性及利用方向等进行分类。

（一）按熟期分类

一般将早稻、中稻和晚稻，按生育期长短分为早熟、中熟、迟熟 3 个品种类型。熟期的早迟，是根据品种在当地生育期长短划分的。在不同的耕作制度或生态条件下，选用不同熟期的品种进行合理搭配，以获得最佳的经济效益和生态效益。

（二）按株型分类

主要按茎秆长短划分为高秆、中秆和矮秆品种。一般将茎秆长度在 100 cm 以下的划分为矮秆品种，长于 120 cm 的划分为高秆品种，在 100～120 cm 的划分为中秆品种。矮秆品种一般耐肥抗倒，高秆品种一般不耐肥不抗倒，生物学产量高，收获指数较低，也不易高产，生产上很少利用。生产上推广利用的水稻品种多为矮秆，品种类型少部分高秆或中秆。

（三）按穗型分类

分为大穗型、多穗型两种。大穗型品种一般秆粗、叶片大、分蘖少，每穗粒数多；多穗型品种一般秆细、叶片小、分蘖较多，每穗粒数较少。每穗粒数多少，又受环境和栽培条件的影响。在栽培上，多穗型品种必须在争取足够茎蘖数的基础上，提高成穗率而获取高产；大穗型品种，在一定穗数的基础上，主攻大穗，提高结实率，发挥穗大、粒多的优势，充分挖掘生产潜力。

（四）按稻种异交与自交分类

分为杂交稻种和常规稻种，杂交稻遗传基础丰富，一般具有杂种优势。目前推广的杂交品种以中秆、大穗类型的籼稻较多。杂交粳稻和籼粳杂交稻也在一些地区推广，其根系发达，分蘖能力强。

（五）按稻米品质分类

可分为优质稻、中质稻和劣质稻。目前，我国以生产中质和优质稻为主，随着人民生活水平的日益提高，对优质稻米的需求将越来越多，但由于农户土地零碎，不易连片规模种植和单独加工，优质优价收购和加工难度大，加上产量相对较低等因素影响，优质稻生产发展受到一定的限制。

思考题

1. 稻发源于中国的哪些地方？

2. 中国栽培稻有哪些类型？

第二章

世界水稻发展概况

水稻是全世界的主要粮食作物，遍布五大洲，有一百多个国家种植水稻，约有60%的人口以稻米为主食，主产稻区在亚洲，占世界水稻生产的90%。

第一节　世界水稻生产概况

世界各大洲均有水稻栽培，主要集中在亚洲，2017年亚洲水稻种植面积占世界的87.02%，非洲占8.94%，美洲占3.60%，欧洲占0.38%，大洋洲占0.05%（表2-1）。水稻总产量亚洲占世界的89.99%，非洲占4.75%，美洲占4.63%，欧洲占0.53%大洋洲占0.11%（表2-2）。

表2-1　2013—2017年世界五大洲水稻种植面积

区域		2013年	2014年	2015年	2016年	2017年
亚洲	种植面积/万亩	218 115.3	215 830.7	213 624.7	213 439.9	218 308.8
	占世界比重/%	88.01	87.66	87.71	86.12	87.02
非洲	种植面积/万亩	18 793.4	19 427.9	19 559.4	24 087.4	22 439.5
	占世界比重/%	7.58	7.89	8.03	9.72	8.94
美洲	种植面积/万亩	9 766.4	9 874.7	9 291.4	9 250.4	9 029.7
	占世界比重/%	3.94	4.01	3.81	3.73	3.60
欧洲	种植面积/万亩	973.6	959.4	979.3	1 004.9	964.5
	占世界比重/%	0.39	0.39	0.40	0.41	0.38

续表 2-1

	区域	2013 年	2014 年	2015 年	2016 年	2017 年
大洋洲	种植面积/万亩	176.5	119.8	110.5	46.2	131.2
	占世界比重/%	0.07	0.05	0.05	0.02	0.05
	世界	243 280.7	246 797.6	244 369.2	241 143.4	250 871.6

数据来源：联合国粮农组织（FAO）统计数据库。

表 2-2　世界五大洲 2013—2017 年水稻总产量

	区域	2013 年	2014 年	2015 年	2016 年	2017 年
亚洲	产量/万 t	67 252.8	66 924.2	67 276.2	67 731.5	69 259.1
	占世界比重/%	90.58	90.14	90.26	89.57	89.99
非洲	产量/万 t	2 875.0	3 075.1	3 084.9	3 302.2	3 458.0
	占世界比重/%	3.87	4.14	4.14	5.03	4.75
美洲	产量/万 t	3 602.6	3 765.1	3 680.1	3 638.6	3 563.5
	占世界比重/%	4.85	5.07	4.94	4.81	4.63
欧洲	产量/万 t	403.0	396.5	422.4	415.1	405.1
	占世界比重/%	0.54	0.53	0.57	0.55	0.53
大洋洲	产量/万 t	117.2	83.0	70.1	28.5	82.0
	占世界比重/%	0.16	0.11	0.09	0.04	0.11
	总产量/万 t	74 250.6	74 243.9	74 533.7	75 115.9	76 767.7

数据来源：联合国粮农组织（FAO）统计数据库。

一、世界水稻生产区域

（一）亚洲地区

亚洲水稻种植面积最大的国家是印度，其次是中国、印度尼西亚、孟加拉国、泰国、越南、缅甸、菲律宾、巴基斯坦、日本、韩国、朝鲜、马来西亚等（表 2-3）。总产量最多的是中国，其次是印度、印度尼西亚、孟加拉国等（表 2-4）。

表 2-3 2013—2017 年亚洲国家水稻生产面积 万亩

国家	2013 年	2014 年	2015 年	2016 年	2017 年
印度	66 203.9	66 165.0	65 085.0	64 785.0	65 683.5
中国	45 467.6	45 464.8	46 176.0	46 119.0	46 120.5
印度尼西亚	20 752.9	20 696.0	21 175.0	22 734.0	23 682.0
孟加拉国	17 058.0	17 123.5	17 071.8	16 501.2	16 908.0
泰国	17 526.5	15 997.4	14 577.0	14 010.0	15 922.2
越南	11 854.2	11 724.7	11 742.9	11 602.1	11 562.8
缅甸	10 429.4	10 304.3	10 154.2	10 086.0	10 118.1
柬埔寨	4 444.4	4 287.4	4 197.7	4 362.8	4 426.3
巴基斯坦	4 183.8	4 336.0	4 109.2	4 086.0	4 350.9
日本	2 398.5	2 362.5	2 259.0	2 218.5	2 199.0

数据来源：联合国粮农组织（FAO）统计数据库。

表 2-4 2013—2017 年亚洲国家水稻总产量 万 t

国家	2013 年	2014 年	2015 年	2016 年	2017 年
中国	20 361.2	20 650.7	21 214.2	21 109.4	21 267.6
印度	15 920.0	15 720.0	15 654.0	16 370.0	16 850.0
印度尼西亚	7 128.0	7 084.6	7 539.8	7 935.5	8 138.2
孟加拉国	5 153.4	5 180.7	5 180.5	5 045.3	4 898.0
泰国	3 676.2	3 262.0	2 770.2	2 665.3	3 338.2
越南	4 403.9	4 497.4	4 509.1	4 311.2	4 276.4
缅甸	2 637.2	2 642.3	2 621.0	2 567.3	2 562.5
日本	1 075.8	1 054.9	998.6	1 005.5	979.0
巴基斯坦	1 046.7	1 050.4	1 020.2	1 027.4	1 117.5
柬埔寨	939.0	932.4	933.5	995.2	1 035.0

数据来源：联合国粮农组织（FAO）统计数据库。

（二）美洲地区

美洲水稻主产区在美国南部、西部沿海，以及拉丁美洲各国低洼平原地区。栽培面积以巴西最多，并以陆稻为主，陆稻种植面积 360 万 hm^2，占该国稻作面积 455 万 hm^2 的 76%，占全球陆稻总面积 1 900 万 hm^2 的 16.3%，仅次于印度的陆稻面积 623 万 hm^2，居第二位。美国水稻种植面积为 127.6 万 hm^2（2016 年），1980 年为 136.9 万 hm^2，近 30 年一直稳定在 100 万～150 万 hm^2，水稻单产稳步上升，由1983年的5 145 kg/hm²，2013年达到8 623.5 kg/hm²，2016年下降为8 112 kg/hm²；水稻总产量2016年达到1 017万t，比1983年的452万t增长124.8%，年均增速2.48%；美国水稻总产的增加，面积的贡献率为34.29%，单产的贡献率为65.69%；每年水稻净出口量在300万～400万t。

（三）非洲地区

非洲的水稻种植面积2017年达到1 496.5万hm²，其中中国帮助开发种植4万hm²以上。主产区域集中在尼罗河的中下游和北部沿海一带，气候条件属温带季风气候区，降水量很少，水稻的灌溉主要取决于尼罗河的水流量，非洲水稻中心有毛里塔尼亚、加蓬、塞内加尔、尼日利亚、埃及、喀麦隆、马达加斯加、乌干达和刚果等国，马达加斯加的水稻面积和总产量居非洲第一位；埃及是主产稻米的出口国家，单产居非洲第一位。

（四）欧洲地区

欧洲水稻种植面积2017年达到64.3万hm²。欧洲大部分地区属温带海洋性气候，常年温和湿润，气候类型不适宜大面积种植水稻，只有地中海气候区灌溉水源比较充足，少数国家的地区比较适合，如欧洲南部的法国、意大利、罗马尼亚、西班牙、葡萄牙。意大利全部种植单季粳稻，是欧洲水稻高产国家和大米主要出口国。

（五）大洋洲地区

主要产稻国是澳大利亚，常年水稻种植面积在6.7万hm²左右，单产较高，达9 250.5 kg/hm²以上。

二、世界水稻生产数量

根据联合国粮食及农业组织（FAO）统计，2010年底，世界水稻播种面积约1.62亿hm²，总产量约70 114万t，平均单产约4 335 kg/hm²；2014年底，世界水稻播种面积约1.63亿hm²，总产量约74 096万t，平均单产约4 545 kg/hm²；2017年底，世界水稻播种面积约1.67亿hm²，总产量约76 966万t，平均单产约4 605 kg/hm²。

据美国农业部数据，2019年全球稻米生产量为49 839万t，比上年度略有增加（表 2-5）。

表 2-5　2010—2019 年度全球稻米产销情况　　万 t

稻米产销状况	2010	2015	2016	2017	2018	2019
稻米产量	44 053	47 881	47 257	48 380	48 776	49 839
稻米消费量	43 786	48 462	47 816	48 018	48 847	49 329
稻米贸易量	3 119	4 279	4 122	4 419	4 951	4 512
稻米库存量	9 420	10 179	12 070	14 152	14 521	17 273

数据来源：美国农业部粮油供需预测报告。

2019 年全球大米生产数量较多的国家，中国位居全球第一，大米产量为 14 673 万 t，占全球大米总产量的 29.8%；印度位居全球第二，占比 23.4%；印度尼西亚占比 7.4%；孟加拉国占比 7.2%；越南占比 5.7%；泰国占比 4.2%；缅甸占比 2.7%，菲律宾占比 2.4%；日本占比 1.6%；巴基斯坦占比 1.5%，巴西占比 1.4%；柬埔寨占比 1.2%，尼日利亚占比 1.0%，埃及占比 0.9%，韩国占比 0.8%，其他国家占比 8.8%（图 2-1）。

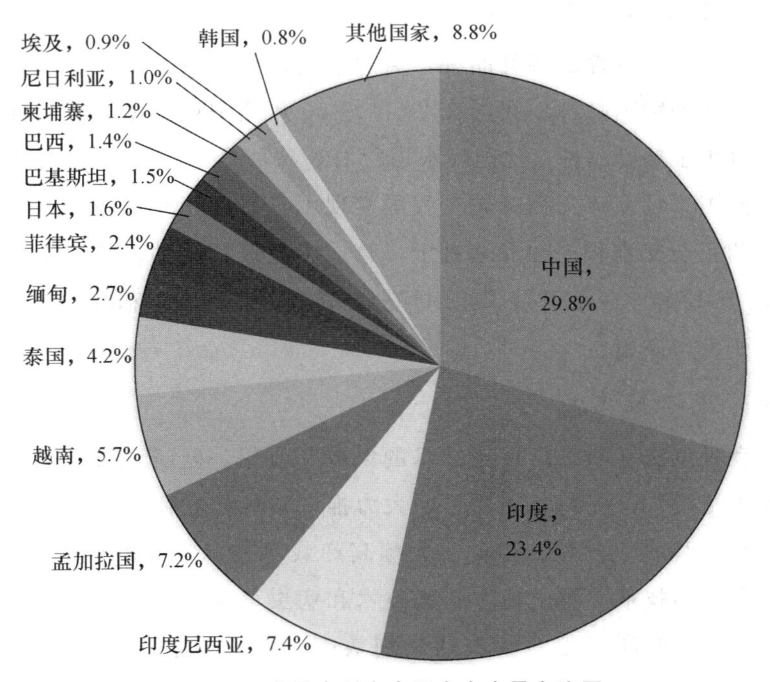

图 2-1　世界水稻主产国大米产量占比图

第二节　中国水稻生产情况

中华人民共和国成立以来，党和政府十分重视水稻生产发展，从 1949 年至今，依靠科技、改善生产条件、制定扶持政策，充分调动农民种植水稻的积极性，促进了水稻生产面积的增加，单产水平的不断提高，优质稻米率逐渐提升。

一、水稻生产科技应用

水稻生产的新品种、新技术、新模式、新机械不断创新与推广，主要体现在以下几个方面。

（一）水稻育种突破

从农家良种中选育出矮秆品种，通过杂交育种育成了三系和两系杂交品种，进而育成超级稻品种。我国在 20 世纪 50 年代中期，在农家优良品种的基础上，育出了矮秆品种，比国际水稻所 IR8 品种早 10 年，是世界水稻绿色革命的创始国；籼型杂交稻首先在我国实现了三系配套并应用于生产，紧接着育成了两系杂交水稻；在此基础上，育成了超级稻品种，已在生产上推广 15 年。近 10 多年来，又开展了组织培养、转基因育种、水稻基因图谱构造等生物技术研发与应用。

（二）栽培技术创新

围绕良种良法不断进行栽培技术的集成与应用，创新育秧方式，培育壮秧；改革种植模式，提高栽培质量，大力推广常规稻壮秧、早发、密植高产技术，杂交稻稀植、壮秧、少蘖、大穗高产栽培技术，叶龄模式栽培技术，全程机械化栽培技术，测土配方施肥技术和病虫草害绿色防控技术；改进施肥、喷药方式，提高了肥料和农药利用效率，减少了生产投入和农田面源污染。

（三）高效模式推广

因地制宜推广再生稻、直播稻、稻田综合种养等轻简化、优质化、高效化的稻田生产模式。

二、水稻生产区域划分

依据地理环境、气候资源条件等，将全国水稻种植划分为6个区域。

（一）华南湿热双季稻作带

位于南岭（北纬24°～26°30′）以南，包括广东中南部、广西南部、福建东南部、海南和台湾地区。

（二）华中湿润单双季稻作带

位于淮河（北纬32°18′～34°05′）、秦岭（北纬34°）以南，南岭以北，包括江苏、上海、安徽的中南部、河南南部、陕西南部、四川东半部、重庆、浙江、湖南、湖北、江西、广东北部、广西北部、福建中北部和贵州北部。

（三）华北半湿润单季稻作带

位于秦岭、淮河以北，长城（北纬36°～41°48′）以南，包括北京、天津、山西、山东、辽宁的辽东半岛、内蒙古南部、河北张家口、陕西秦岭以北、甘肃兰州以东、河南北部、江苏和安徽淮河以北地区。

（四）东北半湿润早熟单季稻作带

位于辽东半岛西北与长城以北、大兴安岭（东经124°42′）以东地区。包括吉林、黑龙江、大兴安岭以东地区、辽宁北半部。

（五）西北干燥单季稻作带

位于大兴安岭以西、长城以北、祁连山以北青藏高原以北地区。包括黑龙江大兴安岭以西、内蒙古、甘肃西北部、宁夏北半部、陕西西北部、河北北部、新疆。

（六）西南高原湿润单季稻作带

位于我国大陆的西南部，主要包括贵州大部、云南中北部、四川甘孜、青海、西藏的零星稻区（表2-6）。

表 2-6　中国水稻生产区域划分

稻作带			稻作区			种植制度	品种类别
代号	名称	指标	代号	名称	指标		
Ⅰ	华南湿润双季稻作带	积温≥6 500 ℃ 降水量≥1 000 mm $E/r^*\leq 1.0$				双季稻三熟	早籼、晚籼、少数晚粳
Ⅱ	华中湿润单、双季稻作带	积温 4 500～6 500 ℃ 降水量≥1 000 mm $E/r\leq 1.0$	Ⅱ 1	南部双季稻作区	积温 5 300～6 500 ℃	双季稻为主，两熟或三熟	早籼、晚籼、晚粳
			Ⅱ 2	北部单、双季稻作区	≥10 ℃积温 4 500～5 300 ℃	单、双季稻二熟或三熟	早籼、中籼 中粳、晚粳
Ⅲ	华北半湿润单季稻作带	积温 3 500～6 500 ℃ 降水量≥400 mm $2.0\geq E/r\geq 1.0$				单季稻一熟或二熟	早粳、中粳 中籼、晚籼
Ⅳ	东北半湿润早熟单季稻作带	积温≤3 500 ℃ 降水量≥400 mm $2.0\geq E/r\geq 1.0$	Ⅳ 1	南部早熟稻作区	积温≤3 500 ℃	单季稻一熟	早粳
			Ⅳ 2	北部特早熟稻作区	积温≤2 500 ℃	单季稻一熟	特早熟早粳

续表 2-6

稻作带			稻作区			种植制度	品种类别
代号	名称	指标	代号	名称	指标		
Ⅴ	西北干燥单季稻作带	积温 2 200～4 000 ℃ 降水量≤400 mm $E/r \geq 2.0$	Ⅴ 1	东部半干旱稻作区	降水量 200～400 mm $6.0 \geq E/r \geq 2.0$	单季稻一熟	早粳、中粳
			Ⅴ 2	西部干旱稻作区	降水量≤200 mm $E/r \geq 6.0$	单季稻一熟	早粳、中粳
Ⅵ	西南高原湿润单季稻作带	积温 3 000～6 500 ℃ 降水量 1 000 mm 左右 $E/r \leq 1.0$	Ⅵ 1	云南高原稻作区	积温 3 000～6 500 ℃ 海拔 800～2 800 m	单季稻为主二熟	早粳、中粳
			Ⅵ 2	(包括西藏东南部)青藏高原区	积温<2 000 ℃ 海拔>2 800 m	不能种植水稻	中籼、晚籼

注：E/r 为稻田干燥度，E 为稻田蒸散量(mm)，r 为降水量(mm)。

表中积温为≥10 ℃条件下测定值。

三、我国水稻生产数量

随着科技的进步及市场供求的变化，我国水稻生产面积稳步扩大，单产稳步提高。种植面积由 1949 年的 2 573.3 万 hm^2，1958 年发展到 4.78 亿 hm^2，1979 年达到 3 386.7 万 hm^2，1990 年以后，基本稳定在 3 000 万 hm^2 左右；每公顷产量由 1949 年的 1 890 kg，2019 年达到 7 065 kg；总产量由 1949 年的 4 865 万 t，近 10 年来稳定在 2 亿 t 以上（表 2-7）。

表 2-7　1949—2019 年中国水稻生产情况

年份	面积/万亩	总产/万 t	单产/(kg/亩)	年份	面积/万亩	总产/万 t	单产/(kg/亩)
1949	38 563	4 865	126	2000	44 943	18 790.8	418
1950	39 224	5 510	141	2005	43 271	18 058.8	417
1958	47 873	8 185	171	2010	45 146	19 722.6	437
1961	39 414	5 860	149	2015	46 176	21 214.2	459
1970	48 537	11 000	227	2016	46 119	21 109.4	458
1979	50 809	14 375	283	2017	46 121	21 267.6	461
1990	49 596	18 993	382	2018	45 284	21 212.9	468
1995	46 116	18 523	401	2019	44 541	20 961.0	471

数据来源：中国农村统计年鉴 2020。

四、我国稻米进出口数量

我国自 20 世纪 50 年代至 90 年代，一直是稻米净出口国，进入 21 世纪，随着改革开放和加入 WTO，开放稻米贸易市场，年进口稻米 200 万 t 左右（表 2-8）。

表 2-8　中国稻米进出口情况　　万 t

年份	进口	出口	年份	进口	出口
1995	164.5	5.7	2014	257.9	41.9
2000	24.9	296.2	2015	337.7	28.7
2005	52.2	68.6	2016	356.2	39.5
2010	38.8	62.2	2017	402.6	119.7
2011	59.8	51.6	2018	307.7	208.9
2012	236.9	27.9	2019	254.6	274.8
2013	227.1	47.8			

数据来源：中国海关统计资料。

第三节 湖北水稻生产情况

湖北省地处长江中游，位于东经108°30′～116°10′，北纬29°05′～33°20′。土地总面积18.59万km^2，2018年耕地面积523.6万hm^2，其中水田面积264.8万hm^2，且热量丰富，雨水充沛，有利于水稻生产的发展。水稻种植有早稻、中稻（含一季晚）、双季晚稻，种植方式有机插秧、人工插秧、人工抛栽、机械条播和人工撒播等。

一、水稻种植区划

2020年湖北省水稻种植面积228.1万hm^2，总产量1 864.35万t。根据地理地形、气候等特点，可将湖北省水稻种植划分为7个区，各个区域种植面积和产量情况如下：

（1）鄂东丘陵岗地双季稻区　本区是双季稻最集中产区，包括黄州、团风、浠水、蕲春、武穴、黄梅、新洲、黄陂、大冶、鄂州、孝南和孝昌等县（市、区），水稻种植面积33.8万hm^2，总产量271.5万t，分别占全省16.4%和15.4%。

（2）江汉平原双季稻区　包括仙桃、天门、潜江、洪湖、监利、江陵、石首、公安、松滋、荆州区、汉川、云梦、应城、蔡甸、江夏、嘉鱼、枝江等县（市、区），水稻种植面积75.1万hm^2，总产量664.6万t，分别占全省36.3%和37.6%。

（3）鄂东南低山丘陵单、双季稻区　包括咸安、赤壁、通城、通山、崇阳、阳新等县（市、区），水稻种植面积13.0万hm^2，总产量95.8万t，分别占全省6.28%和5.42%。

（4）鄂东北低山丘陵单、双季稻区　包括英山、罗田、麻城、红安等县（市、区），水稻种植面积9.4万hm^2，总产量72.5万t，分别占全省4.57%和4.1%。

(5) 鄂中丘陵岗地单季稻区　包括随州、荆门、大悟、安陆、襄州、枣阳、宜城、老河口、当阳等市（县、区），水稻种植面积 61.5 万 hm^2，总产量 546.9 万 t，分别占全省 29.75%和 30.94%。

(6) 鄂西北山地单季稻区　包括十堰市、南漳、谷城、保康、神农架林区，水稻种植面积 7.1 万 hm^2，总产量 61.4 万 t，分别占全省 3.44%和 3.47%。

(7) 鄂西南山地单季稻区　包括恩施州、远安、夷陵、兴山、秭归、长阳、五峰等市（县、区），水稻种植面积 6.8 万 hm^2，总产量 55.1 万 t，分别占全省 3.30%和 3.10%。

二、湖北省水稻生产数量

湖北省水稻生产，在 20 世纪 50—60 年代基本上以中稻生产为主，进入 70 年代至 90 年代大力推广单改双，实行早、晚稻连作种植，将水稻种植面积由 200 多万 hm^2，发展到 266.7 万 hm^2 以上；进入 21 世纪，随着耕作制度的改革和农村青壮年劳动力的转移等，逐步调减早、晚稻连作面积，恢复发展中稻生产，水稻种植面积稳定在 200 万 hm^2 以上，单产提高到 7 500 kg/hm^2 以上，稻谷总产量突破 1 700 万 t（表 2-9）。

表 2-9　1949—2020 年湖北省水稻生产情况　　万亩、kg、万 t

年份	水稻			早稻		中稻		晚稻	
	面积	总产	单产	面积	总产	面积	总产	面积	总产
1949	2 464	378.2	154	114	14.9	2 306	359.4	44	3.9
1950	2 566	411.2	168	116	15.2	2 391	390.6	59	5.4
1958	3 081	641.3	208	437	87.9	2 327	513.7	317	39.7
1970	3 974	914.6	230	1020	234.2	1 854	491.0	1 100	189.4
1980	4 062	1 037.8	255	1211	361.1	1 544	484.0	1 307	192.8
1990	3 955	1 789.6	453	1158	487.3	1 497	818.7	1 300	483.6
2000	2 993	1 497.3	500	590	217.5	1 646	972.0	756	307.8
2005	3 244	1 535.3	473	546	206.9	2 080	1 075.4	617	253.1
2010	3 057	1 557.8	510	538	199.7	1 894	1 102.8	626	255.4

续表 2-9

年份	水稻			早稻		中稻		晚稻	
	面积	总产	单产	面积	总产	面积	总产	面积	总产
2015	3 283	1 810.7	552	635	252.3	1 925	1 228.9	724	329.5
2016	3 197	1 693.5	530	618	216.2	1 962	1 193.8	616	283.7
2017	3 552	1 927.2	543	261	100.9	2 987	1 688.7	304	137.6
2018	3 586	1 965.6	548	247	97.6	3 051	1 733.9	288	134.2
2019	3 430	1 877.2	547	214	84.3	2 966	1 678.1	251	114.8
2020	3 422	1 864.3	545	184	68.3	2 999	1 687.3	239	108.7

数据来源：湖北农村统计年鉴。

思考题

1. 亚洲水稻主产国家有哪些？
2. 近年来中国水稻生产面积与产量是如何变化的？

第三章

水稻生长发育及产量形成

第一节　水稻生长发育

一、水稻的一生

水稻从子房受精完成以后，即是新世代的开始。但在栽培上通常将种子萌发到新种子成熟的生长发育过程，称为水稻的一生。水稻一生可划分为营养生长期和生殖生长期两个阶段。发芽、分蘖、根茎叶的生长，称为营养生长；幼穗分化、开花、灌浆、结实，称为生殖生长（表 3-1）。

表 3-1　水稻一生主要生育期

幼苗期 秧田分蘖期	分蘖期			幼穗发育期			开花结实期		
秧田期	返青期	有效分蘖期	无效分蘖期	分化期	形成期	完成期	乳熟期	蜡熟期	完熟期
营养生长期				营养生长与生殖生长并进期			生殖生长期		
	穗数决定阶段			穗数巩固阶段					
	粒数奠定阶段			粒数决定阶段					
				粒重奠定阶段			粒重决定阶段		

（一）营养生长期

营养生长期包括幼苗期和分蘖期。从种子萌动开始至三叶期，称幼苗期；从第四叶伸出开始，发生分蘖到拔节期分蘖停止，称为分蘖期。稀播秧苗可在秧田发生分蘖，密播除个别秧苗外，一般在秧田不发生分蘖。秧苗移栽后到秧苗恢复生长时，称为返青期；返青后分蘖不断发生，到能抽穗结实的分蘖发生停止时，称有效分蘖期；此后所发生的分蘖一般不能成穗，故从有效分蘖停止至拔节分蘖停止时称无效分蘖期。在生产上要求在无效分蘖期间所发生的分蘖数越少越好。营养生长期间，表现叶片增多、分蘖增加、根系增长，它为生殖生长积累了必需的营养物质。

（二）生殖生长期

生殖生长期包括稻穗分化形成的长穗期和开花灌浆结实的结实期。长穗期是从幼穗分化开始至出穗期止，此期经历的时间一般较为稳定，为 30 d 左右。在长穗期间，实际上营养生长仍在进行，如茎节间伸长、上位叶生长和根系发生，所以长穗期是营养生长和生殖生长并进期。幼穗分化与拔节的衔接关系因早、中、晚稻而异。早稻一般幼穗分化在拔节之前，称重叠生育型；中稻一般幼穗分化与拔节同时进行，称衔接生育型；晚稻一般幼穗分化在拔节之后，称分离生育型。结实期又可分为开花期、乳熟期、蜡熟期和完熟期。结实期所经历的时间，因当时的气温和品种特性而异，一般为 25～50 d，早稻偏短，晚稻偏长。

二、水稻生育期

水稻从播种次日至成熟的天数称全生育期，从移栽至成熟的天数称大田（本田）生育期。水稻生育期是随其生长季节的温度、日照长短变化而变化的。水稻生育期是指某品种在当地正常水稻生长季节适时播种至成熟的天数。同一品种在同一地区，在适时播种、移栽的条件下，其生育期是比较稳定的，它是品种固有的遗传特性。在适宜水稻生长的季节内所栽培的一季稻，称一季中稻或一季晚稻；早稻和晚稻连作栽培，称双季稻。华中稻区水稻生育期（表 3-2）。

表 3-2　华中稻区水稻生育期

品种类型		生育期	播种期	抽穗期	成熟期
早稻	早熟	115 d左右	3月下—4月初	6月中	7月中
	中熟	120 d左右	3月下—4月初	6月中、下	7月中、下
	迟熟	125 d左右	3月下—4月初	6月下—7月上	7月下—8月初
连作晚稻	早熟	110～115 d	7月初	9月上	10月中
	中熟	120 d左右	6月下	9月中	10月中、下
	晚熟	135～140 d	6月中	9月中、下	10月下—11月上
一季中稻		130～140 d	4月中—5月上	8月上、中	9月上、中
一季晚稻		150～160 d	5月中—6月上	9月下	10月中、下

第二节　水稻产量形成

一、水稻产量构成因素及其构成因素的决定时期

（一）水稻产量构成因素及其相互关系

水稻产量由单位面积的有效穗数、每穗总颖花数、结实率和千粒重4个因素构成。它们之间的关系是相互联系、相互制约、又相互补充的。在这4个因素中，千粒重因受遗传作用影响而比较稳定，其他3个因素受环境和栽培条件的影响而变异较大。在生产实际中，同一品种，一般结实率与千粒重呈显著正相关，单位面积穗数与每穗总颖花数呈显著或极显著负相关，每穗颖花数与结实率呈显著负相关。但若采取合理栽培措施，每穗颖花数与结实率也可不呈现负相关，即适当增加每穗颖花数，其结实率也可以不下降，甚至还可表现略有提高。当单位面积总颖花数（有效穗数与每穗颖花数之积）确定后，结实率即成为决定产量高低的关键因素。同一品种，一般表现为单位面积颖花数与产量呈显著或极显著正相关。

在研究水稻产量构成因素形成及其相互关系时，应根据不同品种特性、

不同生态条件，配合适宜的栽培措施，采取不同的主攻方向，以促进四因素之间协调发展，这是获取高产的重要手段。例如，对大穗型品种，特别是大穗型杂交稻，在保证一定穗数的基础上，应主攻每穗总颖花数和结实率，充分发挥大穗的增产潜力，以增加单位面积总粒数而获取高产；对于多穗数型品种，则应适当密植或促早分蘖，在主攻单位面积有足够穗数的基础上，再配合保花、促粒措施而夺取高产。

（二）水稻产量构成因素的决定时期

水稻产量结构四因素的形成受环境和栽培条件的影响很大。为了使其四因素在最佳状态下结合，必须了解它们形成的决定时期。

(1) 有效穗数　单位面积有效穗数是构成产量的基础。有效穗由主茎穗和分蘖穗组成，增穗必须要有一定的基本苗作为基础，并根据品种分蘖能力或增穗途径，采取相应的措施争取一定量的分蘖穗，一般杂交稻分蘖穗占的比例较常规稻高。决定有效分蘖穗的时期，主要在分蘖盛期和成穗前。分蘖盛期之后的分蘖，绝大多数为无效分蘖，因此，要采取增穗的措施，必须在分蘖盛期之前进行。

(2) 颖花数　单位面积总颖花数，一般与产量呈正相关。每穗颖花数等于颖花分化数减去颖花退化数之差。颖花分化数的决定时期是在第一苞分化期至第二次枝梗原基及颖花原基分化期，颖花分化之后，颖花数量不再增加；颖花退化是从雌雄蕊形成期开始至花粉母细胞减数分裂期，而以减数分裂期的影响最大。因此，要攻穗粒数，应在第一苞分化期稍前和雌雄蕊形成期进行。

(3) 结实率　稻穗上的实粒数占其总颖花数的百分率。结实率从第一苞分化期开始已受到影响，而花粉母细胞减数分裂期、抽穗期和灌浆期是对结实率影响最显著的三个时期。花粉母细胞减数分裂期是性器官形成期，主要影响其生活力，进而影响其受精能力；抽穗开花期的环境和栽培条件，可直接影响其授粉和受精；灌浆期，外界环境条件和稻体内生理状况主要影响其灌浆物质的输送和积累，进而影响籽粒的充实程度，秕粒即在此期内形成。

(4) 千粒重　主要是受遗传力的影响，但环境及栽培条件仍然可以致其小幅度变化。稻谷的粒重是由谷壳的体积和糙米的充实度决定的。谷壳的体积是在长穗期形成的，即从颖花原基分化期开始至抽穗期，是颖壳的发育生长时期，以减数分裂期的影响最大。若谷壳体积小，即使灌浆物质再丰富，因受到颖壳的限制米粒体积不会变大。糙米重取决于灌浆期灌浆物质的充实程度，一切有利于灌浆物质的生产、运输和积累的环境及栽培条件，都可促进千粒重提高（表 3-3）。

表 3-3　大穗与多穗型水稻代表品种的产量构成比较

品种	年份	全生育期/d	株高/cm	穗长/cm	有效穗/（万穗/hm^2）	每穗总粒数/粒	每穗实粒数/粒	结实率/%	千粒重/g	产量/（kg/亩）
广两优香 66（大穗型）	2013	142	128.3	27.4	12.5	208.5	176.8	84.8	29.3	640.2
	2014	145	127.4	27.3	11.3	214.8	192.6	89.4	31.5	661.2
	2015	138	123.5	28.1	14.2	214.3	180.2	84.1	31.0	782.0
	2016	141	125.8	24.7	12.4	220.1	177.5	80.6	28.8	588.6
	2017	137	128.6	30.6	13.8	201.7	170.4	84.5	30.9	562.5
	2018	136	131.5	28.8	14.8	202.1	163.1	80.7	29.1	634.0
	平均	140	127.5	27.8	13.2	210.3	176.7	84.0	30.1	644.8
C 两优华占（多穗型）	2013	132	109.9	26.9	17.7	221.2	180.5	81.6	21.5	669.8
	2014	133	110.3	26.9	16.9	213.4	192.5	90.2	24.1	680.0
	2015	129	113.2	25.5	16.0	213.1	195.2	91.6	23.9	728.8
	2016	135	111.8	26.5	16.3	213.0	175.0	52.2	24.5	665.8
	2017	135	119.6	26.5	19.8	190.4	152.7	80.2	24.2	647.5
	2018	123	116.0	25.4	17.9	169.4	156.7	92.5	23.3	642.4
	平均	131	113.4	26.3	17.4	203.4	175.4	86.2	23.6	672.4

资料来源：湖北省现代农业展示中心。

二、水稻品种的库源关系及类型

每穗颖花数与谷壳大小，相当于容纳稻谷产量的贮藏库；抽穗前，茎鞘贮存的光合作用产物和抽穗后上部叶片制造的光合作用产物，会集中输送至穗部的谷粒中去，而制造光合作用产物的叶片则相当于供给源。因此，水稻产量的库源关系可视作粒叶关系。为了充分发挥水稻生产潜力，既要有足够的“库”，更要提供丰富的“源”，还必须将抽穗前后制造和积累的光合作用

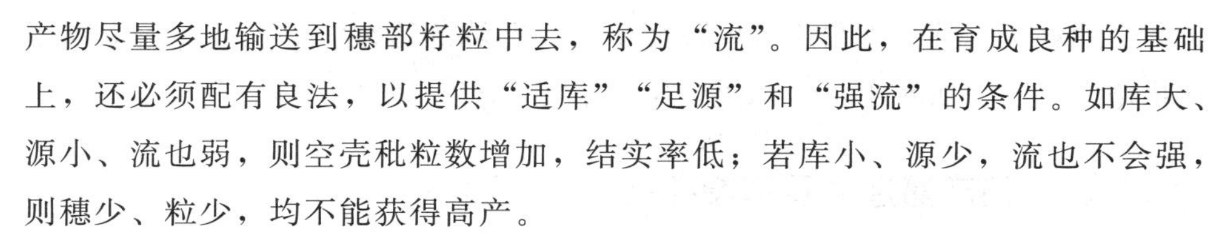

产物尽量多地输送到穗部籽粒中去，称为“流”。因此，在育成良种的基础上，还必须配有良法，以提供“适库”“足源”和“强流”的条件。如库大、源小、流也弱，则空壳秕粒数增加，结实率低；若库小、源少，流也不会强，则穗少、粒少，均不能获得高产。

曹显祖等认为从低产品种到高产品种的演进，主要是沿着提高产量库容的途径而实现的，并根据各品种产量的源库特征，将水稻品种划分为三个类型：

（1）源限制型　这类品种的总库容量大，即单位面积颖花数较多和谷壳体积较大，一般茎鞘物质的输出率（茎鞘输出干重占出穗期干重的百分比）与转换率（茎鞘输出干重占籽粒增重的百分比）较高，成熟期茎鞘残留的可用性碳水化合物（可溶性糖与淀粉之和）少，但因叶片光合作用产物一般不能充分满足库容充实的需要，结实率低，且不稳定，强弱势粒灌浆起步时间相差大。一般大穗型品种（组合）多属此类型。

（2）库限制型　这类品种库容量较少，单位面积颖花数较少，茎鞘物质输出率也小，叶片光合作用产物能充分满足库容充实的需要，结实率高，且强弱势粒灌浆几乎同步。一般穗数型品种多属此类型。

（3）源库互作型　此类品种源库关系较为协调，其茎鞘物质运转特性、结实率和强弱势粒灌浆特性，均介于上述两类型之间。源库共同制约其产量形成，增源或增库均可增产。

某些品种的源库类型是可随栽培条件变化而转化的。当源库类型发生转化时，其为增产的主攻方向也发生相应的变化。

武田友四郎研究了日本从1955—1975年20年间稻谷单产与单位面积的颖花数变化的关系后得出结论，即稻谷每亩产量从1955年330 kg至1975年的460 kg，而每亩颖花数则由1 650万个增加到2 200万个左右，两者之间呈极显著正相关。我国学者的大量研究资料也得出了相同的结论。因此，我国目前生产上无论采用大穗型品种，还是穗数型品种，为了获取高产，都需要提高单位面积总库容量，即提高单位面积颖花数量。为此，必须采用相应的栽培措施，适当增加库容量（即颖花数量），再根据品种类型，而采取不同的主攻方向。大穗型品种，每穗颖花数变化的弹性较大，故应在一定穗数的基础上，着重攻大穗，以增加每穗总粒数；穗数型品种，单位面积穗数变幅较大，故应将主攻重点放在确保单位面积上有足够的穗数。两者都要求采取相应措施，保证成穗率在80%以上，结实率在85%～90%。

三、水稻产量潜力及理想株型

（一）水稻产量潜力

目前，大面积水稻生产每亩产量为400～500 kg，光能利用率0.5%～0.8%；小面积每亩产量高达1 000 kg，光能利率约1.5%。据国内外学者研究，水稻光能利用率最高可达3.8%～5.5%，因此，其产量潜力还相当大。根据长江流域稻作生长期间4—10月份的总辐射量计算，若光能利用率为1%，每亩可生产干物质1 050～1 500 kg，以收获指数为0.5计算，每亩可产稻谷525～750 kg；若光能利用率提高到2%，则每亩可产稻谷1 050～1 500 kg。

（二）水稻“理想株型”与提高产量的途径

水稻株型是在田间群体条件下，由植株的茎秆性状、分蘖能力、穗部特性、根系状况，以及叶片数量、大小、排列位置、着生角度、延伸状态等所组成。1968年，杜纳德（C. M. Donald）首先提出了在农作物育种中应寻找个体间最小竞争强度的理想株型。20世纪70年代，松岛省三等提出从栽培角度培育出理想稻，并以株型为主设想了理想稻应具备的6项条件，即：①单位面积上具有必要充足的粒数；②矮秆、多穗、短穗；③上位2～3叶短而厚；④出穗后叶色不褪淡；⑤每茎绿叶数多；⑥最适出穗期（即在出穗前15 d和出穗后25 d），保证有好的天气。1984年角田重三郎等从水稻光合结构进化的角度出发提出，高产水稻品种应具备直立、短、窄、厚而规则丛生的深绿色叶片，以及短而坚韧的茎秆、叶鞘和中脉。近年来，我国学者认为水稻的“理想株型”应具备的综合条件为株型紧凑、中秆或偏矮秆、抗倒性强、叶片开张角度小、最适叶面积指数高、单位面积颖花和实粒数多等。从育种和栽培方面培养“理想株型”是充分发挥水稻产量潜力的必备条件。“理想株型”与杂种优势利用相结合，将是进一步挖掘水稻产量潜力的重要途径。目前籼粳亚种间杂交已出现强优势的组合，在此基础上，注重其生理特性与理想株型相关性状的研究，并通过改善栽培条件和重视植物生长调节剂的研制

与应用，人工调控株型及生理机能，将是实现水稻超高产的重要的研究领域。

第三节　水稻的“三性”及其在生产上的应用

一、水稻的“三性”

水稻原产于热带及亚热带，在长期的系统发育过程中，形成了对高温和短日有一定要求的遗传特性。之后，又由于地理迁移，其生态环境相对变化而发生了变异，便形成了对温、光需求不同的品种类型。现将不同类型品种对温、光反应的特性及基本营养生长性（即水稻的“三性”）分述如下。

（一）感温性

水稻品种在适宜的生长发育温度范围以内，温度高可使其生育期缩短，温度低可使其生育期延长，水稻品种因受温度高低的影响而改变其生育期的特性，称为感温性。水稻生长上限温度一般为 40 ℃，而发育上限温度不会超过 28 ℃。若超过其发育上限温度，其生育期不仅不会缩短，有的品种还会因生理上不适应其生育期会有所延长。目前，衡量水稻品种感温性强弱的指标以“高温出穗促进率（%）”表示。

$$高温出穗促进率=\frac{低温短日出穗日数-高温短日出穗日数}{低温短日出穗日数}\times 100\%$$

水稻光温生态研究协作组测定结果显示：各地晚稻品种高温出穗促进率为 28.77%～40.74%，而各地早稻品种只为 7.28%～32.72%。说明大多数晚稻品种在短日条件下，高温对其生育期缩短幅度影响较早稻为大，表明晚稻较早稻感温性更强。除此之外，感温性的强弱，与水稻品种系统发育的条件也关系密切，一般北方的早粳稻品种，比南方的早籼稻品种的感温性强些。

（二）感光性

水稻品种在适宜生长发育的日照长度范围内，短日照可使生育期缩短，长日照可使生育期延长，水稻品种因受日照长短的影响而改变其生育期的特性，称为感光性。衡量水稻品种感光性强弱的指标以“短日出穗促进率（%）”表示。

$$\text{短日出穗促进率}=\frac{\text{长日高温出穗日数}-\text{短日高温出穗日数}}{\text{长日高温出穗日数}}\times 100\%$$

一般原产低纬度地区的水稻品种感光性强，而原产高纬度地区的水稻品种对日长的反应钝感或无感。南方稻区的晚稻品种感光性强，其中，华南的晚稻品种较华中的晚稻品种感光性强；而早稻品种的感光性钝感或无感；中稻品种的感光特性介于早稻与晚稻之间，其中偏迟熟的品种，其感光性接近于晚稻，而偏早熟的品种的感光特性则与早稻相似。

由于晚稻品种感光性强，它的感温特性必须在短日条件下才可能表现出来。因晚稻感温性的表现受日照长短的约束，所以，影响晚稻生育期变化的主要因素是日照长度。感光性强的品种，在长日照条件下不能抽穗。

（三）基本营养生长性

在水稻生育期中，生殖生长期一般比较稳定，因为日照长短和温度高低而引起水稻生育期变化，主要在营养生长期中。水稻的生殖生长是在其营养生长的基础上进行的，其营养生长向生殖生长的转变，必须要求有最低限量的物质基础。因此，即使在最适于水稻发育转变的短日、高温条件下，也必须要经过一段最低限度的营养生长期，才能完成其发育转换过程，进入幼穗分化阶段。水稻进入幼穗分化之前，不再受短日、高温的影响而缩短的营养生长期，称为基本营养生长期。基本营养生长期长短因品种而异，这种特性称为水稻品种基本营养生长性。

据江苏农科院研究，感光性强的晚稻品种，其可被短日、高温缩短的营养生长期（即可消营养生长期）最长（74.2 d），基本营养生长期最短，基本营养生长性也小；感光性钝感或无感的早稻品种，被短日、高温缩短的营养生长期最短（23 d），但营养生长性较晚稻稍大；中稻品种可消营养生长期介于早稻与晚稻之间（53.5 d），但基本营养生长期较长，因此基本营养生长性较大。

二、水稻“三性”在生产上的应用

（一）在引种上的应用

从不同生态地区引种，必须考虑水稻品种的光温反应特性。由于不同纬度地区之间的光温生态条件差异明显，相互引种应掌握其生育期及产量变化的规律。北种南引，因原产地在水稻生长季节的日照长、气温低，引种到日照较短、气温较高的南方地区种植，其生育期缩短，特别是长春以北地区感温性强的早粳品种，引种到长江流域，其生育期大大缩短，因营养生长量不足而造成严重减产。1956 年长江中下游地区从东北引种的早粳青森 5 号普遍遭到失败。在适宜纬度范围之内，如从华南地区向华中地区引种感光性弱或钝感、感温性中等的早、中稻品种，只要能保证其生长季节，引种就较易成功。广东的矮脚南特、广陆矮 4 号、珍珠矮、福建的杂交稻汕优 63 等，引到长江流域栽培，生育期稍有延长，表现产量高而稳定。菲律宾国际水稻研究所选育的“IR8”，在当地生育期 120 d 左右，向北引至我国长江中下游地区种植，生育期延长到 145～150 d，作一季迟熟中稻栽培，每亩产量可达 500 kg 左右。而华南的感光、感温性强的晚稻品种，引到长江流域种植，往往不能抽穗。

纬度接近的东西部地区间相互引种，生育期变化不大，容易成功；纬度相近而海拔不同的地区间引种，一般由低向高处引种，生育期延长，宜引用早熟品种，由高向低处引种，生育期缩短，引种迟熟品种为宜。

（二）在栽培上的应用

在南方多熟制稻区，为满足各季作物对光温条件的要求，达到季季高产的目的，必须根据水稻品种光温特性，合理进行品种搭配。在一年三熟制的双季稻区，早稻品种应选用感光性弱，全生育期要求有效积温较多的迟熟类型的品种，比较能耐迟播，秧龄可稍长，栽培上要求稀播培育壮秧，插足基本苗；而若应用早熟早稻品种，由于全生育期要求有效积温少，为了适应越冬作物收后插秧，延长秧龄或推迟播种，会引起早穗或株矮穗小而减产。

早稻品种感光性弱或钝感，可作连作晚稻栽培，但秧龄不宜过长，否则，易发生早穗减产。用早稻种子“翻秋”应在 7 月上、中旬播种，秧龄 15 d 左右，在加强管理的前提下，仍可获得好收成。一季晚稻作连作晚稻栽培，要特别注意安全齐穗期，应适当早播、稀插，培育壮秧；晚稻因感光性强，早播也不可能明显早熟，更不能在早稻生长季节的长日照条件下抽穗，因此不可能作早稻栽培。

（三）在育种上的应用

杂交育种时，应考虑亲本品种的光温反应特性。早稻宜选育感光性钝感、感温性较弱或中等、秧龄弹性大的品种类型。在不同生态型或地理距离远的品种间进行杂交时，为了使两亲本花期相遇，可根据品种的光温反应特性加以调控。如早、晚稻杂交时，将晚稻进行遮光短日照处理使之提前抽穗或将早稻推迟播种，使两者花期在有利时期相遇。以便进行杂交。另外，我国水稻育种工作者，为了缩短育种年限，加快种子繁殖速度，利用海南岛秋、冬季节的短日高温条件进行“南繁”加代。

三、水稻积温

积温是表示作物整个生育期内生长发育所需热量的总和。水稻是喜温作物，在其生长发育过程中，在一定温度范围以内，随着温度的升高，其发育速度加快。水稻生育期一般与积温呈正相关，即生育期越长，积温越高。

（一）积温的表示法

通常以活动积温和有效积温表示。

（1）活动积温　将≥10 ℃的日平均温度称为活动温度，活动温度持续生育日数的温度之总和，称为活动积温。

活动积温＝∑（≥10 ℃的各日平均温度）

如早熟早稻品种全生育期的活动积温为 2 200～2 500 ℃，迟熟品种为 2 600 ℃左右。

（2）有效积温　活动温度与生物学下限温度之差，称为有效温度，将有效温度逐日累计之总和，称为有效积温。

有效积温＝∑（日平均温度－生育下限温度）

一般籼稻品种以 12 ℃、粳稻品种以 10 ℃为生育下限温度。

如早稻早熟品种全生育期的有效积温为1 350 ℃，中熟品种为1 400～1 500 ℃、迟熟品种为1 550 ℃。

水稻积温往往会随着其生长季节中温度的高低而发生相应的变化，一般有效积温较活动积温稳定。

（二）水稻积温与品种类型

感光性弱或钝感的早稻品种和部分中稻品种，影响其生育期的决定因素是温度，因而同品种在不同地区或在同一地区不同季节播种，其有效积温是相对稳定的；而感光性强或较强的晚稻品种和部分偏迟熟的中稻品种，影响其生育期的主导因素是日照时间长短，同一品种在同一地区和在相同季节播种，其有效积温是相对稳定的，而同一品种在不同生态地区或在同一地区的不同季节播种，因受其光照长度的影响，其有效积温会产生较大差异。

水稻全生育期的积温，即使是感光性弱或钝感的早、中稻品种，同一品种在不同纬度地区或在同一地区的不同季节、不同年份种植，其积温也会发生一些变化。据王维金等研究，籼型水稻品种一般生长发育温度在12～20 ℃其生长发育缓慢，称为“低效温度”；“低效温度”持续日数之和为“低效积温”。在恒温温室条件下初步研究结果为，水稻的“发育上限温度”在24～27 ℃，不同感温型的品种其发育上限温度各异，发育上限温度越高，感温性越强；反之，感温性越弱。超过发育上限温度界限的温度为“无效高温”。因此，凡在水稻生长发育过程中，“低效积温”或“无效高温”的含量越多，其积温相应增多，而含“高效积温”（20 ℃以上至发育上限温度）含量越多，其积温也相应减少。这就不难解释，水稻生育期的积温，随着纬度的北移，海拔的升高和播种季节的提早而顺序递增，以及在高温季节播种，其生育期虽未延长，但有效积温相应增多的现象。

（三）积温在水稻生产上的应用

对感光性钝感或无感的水稻品种，在同一地区分期播种或在不同纬度、不同海拔高度播种。水稻完成某一生育过程及全生育过程的有效积温相对偏差较小，一般不超过2%～3%，所以用有效积温预测这类品种的生育期比较精确可靠，对于感光性强的晚稻品种，在同一地区，播期相近的条件下播种，利用有效积温来预测水稻的发育进程及其生育期，也是具有一定实用价值的。

（1）利用有效积温预测水稻生育期　预测前必须掌握两个基本的数据。一是该地待测品种所需要的有效积温；二是当地水稻生长季节中有效积温的累积情况。

若已知中早 39 从播种到抽穗的有效积温为 858 ℃，即从 4 月 10 日起，逐日有效温度累计达到 858 ℃的日期，即为“中早 39”的抽穗期。

（2）利用有效积温决定杂交稻制种时父母本的适宜播插期　一般采用有效积温差推算法。

例如，汕优 2 号制种，IR24 从播种至始穗的有效积温为 1 133.1 ℃，珍汕 97 不育系从播种至始穗的有效积温为 791.9 ℃，两者有效积温相差 341.2 ℃，即 IR24 播种后逐日有效温度累计达到 341.2 ℃时，即是珍汕 97 不育系的适宜播种期，这样两者花期可相遇。生产上一般将温差法作为叶差和时差法的补充。

思考题

1. 水稻一生有哪两个生育阶段？

2. 水稻产量构成因素有哪些？

3. 水稻温、光反应的特性有哪些？

第四章

水稻优良品种的推广

第一节　水稻品种的概念

品种是指经过人工选育或者发现，并经过改良，形态特征和生物学特性一致，遗传性状相对稳定的植物群体。

优良品种是指在一定的地区和耕作条件下，能充分利用自然栽培环境等有利条件，避免或减少不利因素的影响，并能有效解决生产中的一些特殊问题，表现为高产、稳产、优质、低耗、抗逆性强、适应性好，在大田生产上具有推广利用价值，能获得较好的经济效益的品种。一般而言，只有通过审定（认定、鉴定）的品种，才可以确定为优良品种。优良品种应具备丰产性，即在一定的条件下种植，能够获得比较高的产量；优质性，即所生产出的产品品质较优，符合大众口味或适合加工（如稻米要达到国标三级以上）；抗逆性，即能够抵抗或较耐当地的主要病虫害及不良天气；适应性，即能够满足当地气候条件下种植制度的需要；稳定性，即遗传性状相对稳定，形态特征和生物学特性一致。

新品种是育种者根据生产需要，利用各种育种方法选育出的遗传性相对稳定且具有特异性，在生物学上、形态上相对一致，经过田间试验筛选出的综合性状表现较好的品种。优良品种是在新品种（系）的基础上，经过品种区域试验、生产试验，通过国家或地方品种审定委员会审定，在生产上应用表现比较好的品种。新品种突出的是品种的新颖性，优良品种突出的是应用的经济价值。农业生产上应选用优良品种，而不能盲目求新。优良品种不是永恒的，应随着自然环境和栽培条件以及社会经济发展的需求，而不断推陈出新。如20世纪70年代推广的水稻品种桂朝2号，20世纪80年代推广的籼优63，20世纪90年代推广的两优培九等，在当时都是全国推广面积很大的优良品种，尔后逐步被新的优良品种所代替。

优质种子含义包括两方面：一是种子内在质量优良，主要是品种纯度高且种子真实。品种纯度是指内质典型性状的一致性较高；种子的真实性是指种子的品牌名称和内在质量相符，名副其实。二是种子外在质量优良，主要是种子发芽率高、发芽势强、种子洁净、种子健康、无病虫粒、无破损粒、无霉变粒、无杂质和含水量在规定范围内。

合格种子评价指标包括纯度、净度、水分、发芽率等，是指达到国家农作物种子质量标准的种子（GB 4404.1—2008）（表4-1）。

表4-1　水稻种子质量标准　%

<table>
<tr><th>类型</th><th>级别</th><th>纯度</th><th>净度</th><th>发芽率</th><th>水分</th></tr>
<tr><td rowspan="2">常规种</td><td>原种</td><td>≥99.9</td><td rowspan="2">≥98.0</td><td rowspan="2">≥85</td><td>籼稻≤13.0</td></tr>
<tr><td>良种</td><td>≥98.0</td><td>粳稻≤14.5</td></tr>
<tr><td rowspan="2">杂交种</td><td>一级</td><td>≥98.0</td><td rowspan="2">≥98.0</td><td rowspan="2">≥80</td><td rowspan="2">≤13.0</td></tr>
<tr><td>二级</td><td>≥96.0</td></tr>
<tr><td rowspan="2">不育系
保持系
恢复系</td><td>原种</td><td>≥99.9</td><td rowspan="2">≥98.0</td><td rowspan="2">≥80</td><td rowspan="2">≤13.0</td></tr>
<tr><td>良种</td><td>≥99.0</td></tr>
</table>

假种子：一是以非种子冒充种子或者以此品种冒充其他品种种子（可以这样理解，把商品粮食当成种子；或用常规品种种子当作杂交品种种子销售；或用同类型的甲品种种子充当乙品种种子销售）；二是种子种类、品种、产地与标签标注内容不符的。

劣种子：一是种子质量低于国家规定的种用标准的；二是质量低于标签标注指标的；三是因变质不能作种子使用的；四是杂草种子的比例超过规定的；五是带有国家规定检疫对象的有害物质的。

第二节　水稻品种的创新

新中国成立以来，我国水稻的育种攻关、创新发展，经历了农家品种优选，高秆品种改为矮秆品种，常规品种改为杂交品种，普通品种改为超级稻品种的三次突破飞跃，均居世界领先地位。

一、矮秆中稻品种的突破

20 世纪 50 年代，在全国开展了水稻品种的征集与优选推广工作，据中国农业科学院 1960 年的不完全统计，当时从全国各地收集了地方水稻品种 41 379 份。通过试验筛选出了一批比较优良的品种，在各地水稻产区推广应用。由于农家水稻品种秆比较高，随着水、肥等栽培条件的日益改善，品种的倒伏现象已成为当时水稻单产继续提升的主要限制因素。特别是东南沿海的一些省份，高秆品种常因遭受台风倒伏严重，造成大面积减产。1956 年广东省潮阳县农民育种家洪春利、洪群英从农家品种南特 16 中发现了 2 株株高仅为 70 cm 的自然变异株，于 1957 年选育出中国第一个矮秆品种矮脚南特，以后迅速在南方各地大面积推广，1959 年推广面积达到 66.7 万 hm^2。

从 1956 年开始，广东、湖南、湖北、浙江、江苏等地在矮脚南特等矮秆资源基础上，相继开展了矮化育种。最先是广东省农业科学院黄耀祥等，于 1959 年育成了矮秆抗倒、耐肥、高产早稻品种广场矮、广陆矮 4 号等，并在全国推广，使我国水稻高秆变矮秆，为水稻高产栽培做出了重要贡献，引起了水稻产量的第一次飞跃，促进全国稻谷单产增加 20%～30%。矮秆品种的育成，在世界水稻育种史上也是一次重大的突破，它比国际水稻研究所 1966 年育成的奇迹稻 IR8 还早 7 年。

二、杂交水稻的重大突破

（一）三系杂交水稻

三系杂交水稻是水稻育种和推广的一个巨大成就。

（1）雄性不育系　雌蕊发育正常，而雄蕊的发育退化或败育，不能自花授粉结实。

（2）保持系　雌雄蕊发育正常，将其花粉授予雄性不育系的雌蕊，不仅可结成种子（雄性不育系），而且播种后仍可获得雄性不育植株。

（3）恢复系　雌雄蕊发育均正常，将其花粉授予不育系的雌蕊，所产生的种子播种后，长成的植株又恢复了可育性。

依据不育系的保持系品种和恢复系品种的不同，可将细胞质雄性不育系分为野败型、红莲型和BT型三类。

第一类野败型，是由1964年在湖南省黔阳农校任教的袁隆平，首先提出了通过“三系”杂交利用水稻杂种优势的研究设想，揭开了中国杂交水稻研究的序幕。

1970年，袁隆平带着助手李必湖等到海南岛寻找野生稻，当年10月23日，李必湖在崖县荔枝沟一片沼泽地里发现了一株奇异的稻子，这株稻子茎秆匍匐，花药瘪小，花粉败育，他们当即连根带泥挖出来带回农场，栽在试验田里，精心培育。后用广场矮、京引66品种测交，给63朵花授粉，最后获得了3粒珍贵种子，袁隆平把这株野生稻命名为“野败”。

1971年春天，湖南杂交水稻协作组根据上级指示，把“野败”材料分别送给了10个省、市、区，20多个科研单位进行研究。中国农林科学院与湖南省农业科学院共同组织开展协作研究。从此，一个以“野败”为主要材料培育“三系”的协作攻关在中国南方10省、市、区蓬勃展开。

1972年，江西省萍乡市农业科学院水稻研究所颜龙安等科技工作者，育成了第一批水稻雄性不育系珍汕97A、二九矮4号A和保持系；1973年广西农学院教师张先程等和湖南省的科技人员，先后在东南亚的品种里找到了一批花药发达、花粉量大，恢复率在90％以上强优势的恢复系，使籼型杂交水稻的“三系”配套成功了。

在南方杂交水稻取得重大进展的同时，从1971年开始，北方稻区以辽宁省农业科学院水稻研究所杨振玉等人为主，连续进行了6年粳稻杂交优势利用的试验，于1975年选育出黎优57杂交粳稻品种，在辽宁、北京、河南、山东、山西、陕西等省市示范推广，比常规稻增产15%～20%，显示了北方杂交粳稻的优势。

第二类红莲型，是当今世界上用于大面积水稻生产上的第二种细胞质雄性不育类型的三系杂交稻。

20世纪70年代初，武汉大学朱英国老师团队以海南红芒野生稻为母本，以高秆早籼莲塘早为父本，通过杂交和回交，进行核置换，育成具有完全自主知识产权的红莲型新不育系骆红3/A与恢复系8108。1997年，成功杂交选育出红莲优6号、珞优8号、粤优9号等新品种。红莲型不育系的恢复面较野败型不育系宽，但可恢复性较差。红莲型杂交水稻是目前世界上三大杂交水稻品系之一。

第三类BT型，是日本专家研发的一种类型，在生产上没有推广应用。

（二）两系杂交水稻

1973年，湖北省沔阳县沙湖原种场科技人员石明松，从一季晚稻农垦58大田中，发现了自然不育株（即核不育水稻植株）。他利用自然结实的种子，种植48株，发现后代有雄性不育、可育两种类型。此后6年，他对不育株进行测交和回交时，发现不育株的育性与光照长度有关，由此，他提出了在长日照高温下制种，在短日照低温下繁殖，一系两用。划时代的“两系杂交水稻技术”由此开启。1996—2019年，全国有1 000多个两系法杂交水稻品种通过审定，有近30个被农业农村部确认为全国主推品种，2014年两系法杂交水稻面积占全国杂交水稻面积的1/2以上。同时两系法使得籼粳亚种间优势得以利用，让水稻产量、品质又上了一个新台阶。

杂交水稻品种的推广，使全国水稻单产由300 kg/亩，提高到400 kg/亩以上，创造了一个震惊世界的神话。

三、超级稻的世纪创新

20世纪50年代的水稻矮化育种，70年代杂交水稻的成功培育与推广，实现了水稻单产的两次飞跃，推进了“绿色革命”，为世界粮食增产做出了重要贡献。

（一）国内外开展超级稻的研究

20 世纪 80 年代，日本和菲律宾国际水稻研究所的专家，相继提出了水稻新株型、超高产育种计划，但都没有在大面积水稻生产上成功应用。

1980 年，日本农林水产省组织全国主要国立育种机构，开始历时 15 年的大型合作研究项目，即“水稻超高产育种计划”或“逆 253 计划”的研究。以选育产量潜力高的品种为主，辅之相应的栽培技术，分三个实施阶段：即 1981—1983 年，从日本各地筛选出具有高产、稳产、增产 10％的水稻新品种；1984—1988 年，以现有高产品种及从国外引进的高产大粒品种为育种材料，以早熟、抗寒及抗倒伏等主要性状为育种目标，育成增产 30％的新品种；1989—1995 年，育成单产 667 kg/亩以上的超高产水稻品种，经过攻关研究育成了明之星、秋力、星丰、翔和大力等品种，但因抗寒性、品质和结实率方面存在问题而未大面积推广。

1989 年，国际水稻研究所组织水稻育种专家、农艺学家、植物生理学家和生物技术学家，正式启动水稻“新株型育种”项目，目标是弱分蘖力（单株 3～4 蘖）、没有无效分蘖、大穗、茎秆极坚韧、浓绿厚直的叶片、强根系活力、高收获指数。2000 年育成产量潜力 800 kg/亩，最终产量目标为 1 000 kg/亩的超级稻品种。1994 年育成了小区试验单产可达 833 kg/亩的新株型品系，被新闻媒体以“新‘超级稻’将有助于多养活 5 亿人口”为题进行了报道，引起了世界各产稻国政府和科学家的关注，从而使“超级稻”这一名称广为传播。

中国超级稻的攻关研究，是从“八五”时期开始的，“水稻超高产育种”在国家科技攻关项目中正式立题。1996 年 6 月，原农业部在沈阳农业大学主持召开了“中国超级稻研究会议”，标志着中国超级稻研究正式启动，确立了常规稻和杂交稻并举、三系法和两系法并重、生物科技与常规技术相结合的发展思路，在着力提高产量潜力的同时，注重改善稻米品质、增强抗病虫性和生态适应性。1997 年 4 月，召开并成立了“中国超级稻”专家委员会暨“中国超级稻”项目评审会，确定了中国水稻研究所等 11 个单位为项目承担单位。农业部专家组提出了超级稻产量指标：第一期到 2000 年，单产达到 700 kg/亩；第二期到 2005 年单产达到 800 kg/亩。分别制定了北方粳稻、长江流域和华南稻区早籼稻和早晚稻超级稻的具体指标（表 4-2）。

表 4-2 不同生态区域超级稻理想株型及产量指标

性状	北方粳稻	长江流域中籼稻	华南早中晚稻
生育期/d	150～160	135～140	115～140
株高/cm	95～105	110～115	105～115
分蘖力/（穗/丛）	10～15	10～12	9～13
每穗粒数/粒	150～200	180～200	150～250
收获指数	0.50～0.55	0.55	0.60
设计产量潜力/（kg/亩）	750～900	800～1 000	900～1 000

（二）我国超级稻攻关成效

2000 年，超级稻攻关实现了第一期目标，百亩连片水稻平均单产超过 700 kg/亩；2004 年实现了第二期产量目标，单产超过 800 kg/亩。2011 年实现了单产超过 900 kg/亩的第三期目标。这一目标是由袁隆平院士团队在湖南省邵阳市隆回县羊古坳乡雷锋村采取良种、良法、良田相结合培育的百亩超高产示范田实现的，2011 年 9 月 19 日，经原农业部组织的专家组验收，平均单产达到 926.6 kg/亩，创造了世界水稻高产新纪录。

2014 年 10 月 10 日，湖南省溆浦县红星村超级稻高产示范片经过专家组验收，超级稻百亩示范片单产达到 1 026.6 kg/亩。

2016 年，在广东省梅州兴宁市龙田镇环坡村实施的“华南双季超级稻全程机械化绿色高效模式攻关”项目，经 2016 年 11 月 19 日测产验收，两季平均单产达到 1 537.7 kg/亩。

（三）超级稻确认品种

从 2005 年开始，农业农村部每年都会发布超级稻推广品种信息。2020 年 6 月 4 日，农业农村部办公厅印发了《关于发布 2020 年度超级稻确认品种的通知》。至此，经各地推荐和专家评审，农业农村部确认的超级稻品种共有 133 个（表 4-3）。

表 4-3　农业农村部确认的 133 个超级稻品种汇总表

	品种名称	认定年份	育种单位
粳型常规稻	吉粳 88	2005	吉林省农科院水稻所
	桂农占	2006	广东省农科院水稻所
	龙粳 21	2009	黑龙江省农科院水稻研究所
	辽星 1 号	2007	辽宁省农科院稻作所
	楚粳 27	2007	云南省楚雄州农科所
	沈农 9816	2011	沈阳农业大学
	连粳 7 号	2012	连云港市农业科学研究院
	龙粳 31 号	2013	黑龙江省农业科学院佳木斯水稻研究所等
	松粳 15 号	2013	黑龙江省农业科学院五常水稻研究所
	镇稻 11 号	2013	江苏丘陵地区镇江农业科学研究所
	扬粳 4227	2013	江苏里下河地区农业科学研究所
	宁粳 4 号	2013	南京农业大学农学院
	龙粳 39	2014	黑龙江省农业科学院佳木斯水稻研究所等
	莲稻 1 号	2014	佳木斯市莲粳种业有限公司等
	长白 25 号	2014	吉林省农业科学院水稻研究所
	南粳 5055	2014	江苏省农业科学院粮食作物研究所
	武运粳 27 号	2014	江苏（武进）水稻研究所等
	扬育粳 2 号	2015	江苏盐城市盐都区农业科学研究所
	南粳 9108	2015	江苏省农业科学院粮食作物研究所
	镇稻 18 号	2015	江苏丰源种业有限公司等
	吉粳 511	2016	吉林省农业科学院水稻所
	南粳 52	2016	江苏省优质水稻工程技术研究中心等
	南粳 0212	2017	江苏省农业科学院粮食作物研究所等
	楚粳 37 号	2017	楚雄州农业科学研究推广所
	宁粳 7 号	2018	南京农业大学
	苏垦 118	2020	江苏省农业科学院粮食作物研究所
籼型常规稻	玉香油占	2007	广东省农科院水稻所
	中嘉早 17	2010	中国水稻研究所
	合美占	2010	广东省农业科学院水稻研究所
	中早 35	2012	中国水稻研究所
	金农丝苗	2012	广东省农科院水稻所
	中早 39	2013	中国水稻研究所
	华航 31 号	2015	华南农业大学植物航天育种研究中心
	中组 143	2020	中国水稻研究所

续表 4-3

	品种名称	认定年份	育种单位
籼型三系杂交稻	中浙优Ⅰ号	2005	中国水稻研究所
	Ⅱ优明 86	2005	福建省三明市农科所
	Ⅱ优 602	2005	四川省农科院水稻所
	天优 998	2005	广东省农科院水稻所
	Q 优 6 号	2006	重庆中一种业有限公司
	珞优 8 号	2009	武汉大学生科院
	五优 308	2010	广东省农业科学院水稻研究所
	五丰优 T025	2010	江西农业大学
	天优 3301	2010	福建省农业科学院生物技术研究所等
	特优 582	2011	广西农业科学院水稻研究所
	德香 4103	2012	四川省农业科学院水稻高粱研究所
	天优华占	2012	中国水稻研究所等
	宜优 673	2012	福建省农科院水稻所
	深优 9516	2012	清华大学深圳研究生院
	天优 3618	2013	广东省农业科学院水稻研究所
	天优华占	2013	中国水稻研究所等
	中 9 优 8012	2013	中国水稻研究所
	H 优 518	2013	湖南农业大学等
	五丰优 615	2014	广东省农业科学院水稻研究所
	盛泰优 722	2014	湖南洞庭高科种业股份有限公司等
	内 5 优 8015	2014	中国水稻研究所
	荣优 225	2014	江西省农业科学院水稻研究所等
	F 优 498	2014	四川农业大学水稻研究所等
	宜香优 2115	2015	四川省绿丹种业有限责任公司等
	深优 1029	2015	江西现代种业股份有限公司
	德优 4727	2016	四川省农业科学院水稻高粱研究所
	丰田优 553	2016	广西农业科学院水稻研究所
	五优 662	2016	江西惠农种业有限公司等
	吉优 225	2016	江西省农业科学院水稻所等
	五丰优 286	2016	江西现代种业股份有限公司
	五优航 1573	2016	江西省超级水稻研究发展中心等
	宜香 4245	2017	宜宾市农业科学院
	吉丰优 1002	2017	广东省农业科学院水稻研究所等
	五优 116	2017	广东省现代农业集团有限公司等
	五优 369	2018	湖南泰邦农业科技有限公司
	内香 6 优 9 号	2018	四川省农业科学院水稻高粱研究所
	蜀优 217	2018	四川农业大学水稻研究所
	泸优 727	2018	四川省农业科学院水稻高粱研究所

续表 4-3

	品种名称	认定年份	育种单位
籼型三系杂交稻	吉优 615	2018	广东省农业科学院水稻研究所等
	五优 1179	2018	国家植物航天青种工程技术研究中心(华南农业大学)
	华浙优Ⅰ号	2019	浙江勿忘农种业股份有限公司等
	万太优 3158	2019	广西壮族自治区农业科学院水稻研究所
	嘉丰优 2 号	2020	浙江可得丰种业有限公司等
	华浙优 71	2020	中国水稻研究所等
	福农优 676	2020	福建省农业科学院水稻研究所等
	吉优航 1573	2020	江西省农业科学院水稻研究所等
	泰优 871	2020	江西农业大学农学院等
	龙丰优 826	2020	广西农业科学院水稻研究所
	旌优华珍	2020	四川绿丹至诚种业有限公司等
籼型两系杂交稻	Y 两优 1 号	2006	湖南杂交水稻研究中心
	株两优 819	2006	湖南亚华种业科学院
	两优 287	2006	湖北大学生命科学院
	新两优 6 号	2006	安徽荃银农业高科技研究所
	新两优 6380	2007	南京农业大学水稻所
	丰两优 4 号	2007	合肥丰乐种业股份有限公司
	扬两优 6 号	2009	江苏里下河地区农科所
	陆两优 819	2009	湖南亚华种业科学研究院
	丰两优香一号	2009	合肥丰乐种业股份有限公司
	桂两优 2 号	2010	广西农业科学院水稻研究所等
	陵两优 268	2011	湖南亚华种业科学研究院
	徽两优 6 号	2011	安徽省农业科学院水稻研究所
	准两优 608	2012	湖南隆平种业有限公司等
	深两优 5814	2012	国家杂交水稻工程技术研究中心等
	广两优香 66	2012	湖北省农业技术推广总站等
	Y 两优 087	2013	南宁市沃德农作物研究所等
	Y 两优 2 号	2014	湖南杂交水稻研究中心
	Y 两优 5867	2014	江西科源种业有限公司
	两优 038	2014	江西天涯种业有限公司
	C 两优华占	2014	湖南金色农华种业科技有限公司
	广两优 272	2014	湖北省农业科学院粮食作物研究所
	两优 6 号	2014	湖北荆楚种业股份有限公司
	两优 616	2014	中种集团福建农嘉种业股份有限公司等
	H 两优 991	2015	广西兆和种业有限公司
	N 两优 2 号	2015	长沙年丰种业有限公司等

续表 4-3

	品种名称	认定年份	育种单位
籼型两系杂交稻	徽两优 996	2016	合肥科源农业科学研究所等
	深两优 870	2016	广东兆华种业有限公司等
	Y 两优 900	2017	创世纪种业有限公司
	隆两优华占	2017	袁隆平农业高科技股份有限公司等
	深两优 8386	2017	广西兆和种业有限公司
	Y 两优 1173	2017	国家植物航天育种工程技术研究中心(华南农业大学)等
	隆两优 1988	2018	袁隆平农业高科技股份有限公司等
	深两优 136	2018	湖南大农种业科技有限公司
	晶两优华占	2018	袁隆平农业高科技股份有限公司等
	深两优 862	2019	江苏明天种业科技有限公司等
	隆两优 1308	2019	袁隆平农业高科技股份有限公司等
	隆两优 1377	2019	袁隆平农业高科技股份有限公司等
	和两优 713	2019	广西恒茂农业科技有限公司
	Y 两优 957	2019	创世纪种业有限公司等
	隆两优 1212	2019	袁隆平农业高科技股份有限公司等
	晶两优 1212	2019	袁隆平农业高科技股份有限公司等
	晶两优 1988	2020	袁隆平农业高科技股份有限公司等
籼粳杂交稻	甬优 12	2011	浙江省宁波市农业科学研究院等
	甬优 15	2013	浙江省宁波市农业科学院作物研究所等
	甬优 538	2015	浙江省宁波市种子有限公司
	春优 84	2015	中国水稻研究所、浙江农科种业有限公司
	浙优 18	2015	浙江省农业科学院作物与核技术利用研究所等
	甬优 2640	2017	浙江省宁波市种子有限公司
	甬优 1540	2018	宁波市农业科学院作物所等
	甬优 7850	2020	浙江省宁波种业股份有限公司

目前，已退出的超级稻冠名的品种有：2009 年，沈农 016、黔南优 2058；2010 年，辽优 1052；2011 年，辽优 5218、胜泰 1 号、沈农 606、亚优 98、龙粳 14、龙粳 18；2013 年，中早 22、铁粳 7 号、吉粳 102、垦稻 11、中嘉早 32 号、春光 1 号、淮稻 11；2014 年，协优 9308、武粳 15、龙稻 5 号、宁粳 1 号、新稻 18 号、新丰优 22、培两优 3076、准两优 1141；2015 年，沈农 265、吉粳 83、淮稻 9 号、03 优 66；2016 年，南梗 44、南粳 45、Q 优 8 号；2017 年，国稻 3 号、一丰 8 号、金优 458、宁粳 3 号、南粳 49；2018 年，I 优航 1 号、

特优航1号、D优527、协优527、I优162、I优7号、松粳9号培杂泰丰、千重浪2号；2019年，国稻1号、金优299、I优084、I优7954、准两优527、甬优6号、天优122、金优527、D优202；2020年，丰优299、两优培九、内2优6号、淦鑫688、II优航2号、荣优3号、扬粳4038、武运粳24号、楚粳28号、金优785。

第三节 水稻品种的审定

近年来，我国加快了水稻品种的研发选育力度，同时拓宽了品种区域试验的渠道，在种子管理系统主持实施的品种区域试验基础上，开放了水稻科研育种单位与水稻种子经营企业联合组织的联合体品种试验、育繁推一体化种子企业品种绿色通道试验，加快了新品种的审定。

一、全国水稻品种审定数量

全国水稻品种审定数量，在2010—2016年，每年审定的水稻品种数量在410～490个，2017年上升到749个，2018年上升到981个（表4-4）。

表4-4 2010—2018年我国审定的各类型水稻品种数

品种类型	籼型常规稻		籼型三系杂交稻		籼型两系杂交稻		粳型常规稻		粳型杂交稻	
年份	品种数量/个	优质率/%	品种数量/个	优质率/%	品种数量/个	优质率/%	品种数量/个	优质率/%	品种数量/个	优质率/%
2010	32	33.3	241	31.3	72	35.2	122	28.6	27	59.8
2011	33		192		65		77		15	
2012	28	33.3	181	31.3	67	35.2	102	28.6	14	59.8
2013	20	33.9	180	46.3	84	55.0	113	80.0	18	60.2
2014	36	35.1	185	45.8	94	44.4	122	41.2	17	66.4
2015	34	32.3	209	36.5	105	45.5	101	55.0	20	78.0
2016	36	34.9	166	51.8	137	55.6	87	32.0	25	57.5
2017	49	46.2	268	49.6	224	67.5	169	53.3	39	76.5
2018	76	50.0	283	45.7	279	47.3	210	63.6	33	81.9

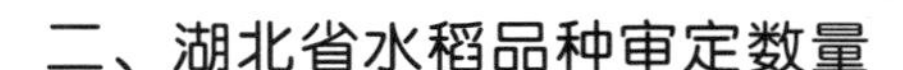

二、湖北省水稻品种审定数量

湖北省从第一届品种审定委员会成立至2020年，共审定水稻品种495个，其中早稻60个、中稻327个、晚稻108个。其中1989—1999年，审定（认定）的水稻品种27个，其中早稻13个、中稻5个、晚稻9个；2000—2009年，审定水稻品种164个，其中早稻27个、中稻74个、晚稻63个；2010—2019年审定水稻品种222个，其中早稻15个、中稻166个、晚稻41个，2020年审定水稻品种80个，其中早稻2个、中稻72个、晚稻6个。

三、推广面积较多的水稻品种

（一）全国推广面积较多的品种

2019年，全国农业技术推广服务中心汇总统计各省、市、区推广0.667万hm^2（约为10万亩）以上的水稻品种数据，显示共计推广水稻品种723个，其中常规稻274个，杂交稻449个（表4-5）。

表4-5　2019年全国水稻推广面积较大的品种及面积　　万亩

常规稻（部分）				杂交稻（部分）	
品种名称	面积	品种名称	面积	品种名称	面积
龙粳31号	1119	龙稻21	196	两优688	205
绥粳18	1015	美香占2号	189	中浙优8号	204
黄华占	649	华粳5号	168	晶两优1212	202
南粳9108	504	五优稻4号	160	隆两优1377	185
中嘉17	486	玉什香	156	深两优5814	178
绥粳22	329	龙粳46	151	荃优822	164
淮稻5号	324	中早35	132	荃优丝苗	154
湘早籼45号	313	龙粳29	128	野香优莉丝	150
绥粳27	296	五山丝苗	119	甬优1540	147
中早39	293	苏秀867	113	晶两优1377	136
南粳505	233	农香32	111	旱优73	132
龙庆稻3号	229	龙粳39	109	川优6203	127
龙庆稻21	216	宁粳7号	105	桃优香占	126
绥粳15	215			五优308	126
盐丰47	206			Y两优900	114

（二）湖北省推广面积较多的品种

2019 年湖北省推广面积在 0.667 万 hm^2 以上的品种有 51 个，其中常规稻 9 个，推广面积最大的是黄华占，其次是鄂中 5 号、鄂早 18、鄂糯 9 号、福稻 88 等；杂交稻 42 个，推广面积较大的有晶两优华占、隆两优 534、荃优 822、晶两优 534、C 两优华占等（表 4-6）。

表 4-6　2019 年湖北省水稻推广较大的品种及面积　　万亩

常规稻		杂交稻（部分）			
品种名称	面积	品种名称	面积	品种名称	面积
黄华占	296	晶两优华占	99	两优 287	48
鄂中 5 号	35	隆两优 534	98	广两优香 66	38
鄂早 18	24	荃两优 822	84	两优 688	28
鄂糯 9 号	20	晶两优 534	83	广两优 476	24
福稻 88	17	C 两优华占	79	晶两优 1377	22
粤农丝苗	19	荃两优丝苗	58	荆楚优 148	21
鄂晚 17	11	荃优丝苗	57	荃优华占	21
中早 39	14	丰两优香一号	57	广两优 1928	20
鉴真 2 号	10	隆两优华占	56	Y 两优 1928	20
粤禾丝苗	6	徽两优 898	53	Y 两优 1 号	19

思考题

1. 优良品种应具备哪些主要条件？
2. 如何区别假种子与劣种子？
3. 说说你所在地区主要推广的水稻品种有哪些？

第五章

稻田的土、肥、水及管理

水稻生长发育的基本要素条件有日光（光能）、热量（热能）、空气（氧气及二氧化碳）、水分和养分，其中养分和水分通过根系从土壤中吸收。一个良好的土壤环境条件，应该使水稻吃得饱（养料供应充分）、喝得足（水分充分供应）、住得好（空气流通、温度适宜）、站得稳（根系伸展开、机械支撑牢固）。

第一节　水稻土壤的基本性质

水稻土是由不同自然土壤发育而来的，在周期性的淹水还原条件下，它的基本理化、生物性质与起源上已有很大的不同。

一、水稻土的物理性质

（一）土壤组成的变化

土壤是由固相、液相、气相组成的分散系。稻田淹水后，土粒吸水膨胀，空隙量减少，土壤水分常处于饱和状态，水气矛盾增大，空气含量比旱作土低若干倍，一般只占土壤体积的5%以下，同时空气的组成也发生了极大变化，经测定淹水6～10 h，除了数毫米的表土层中有溶解氧外，整个土层中含氧量接近于零，二氧化碳占1%～20%、氮占10%～95%、甲烷占15%～75%、氢占0～10%。刚翻压的绿肥或施用有机肥后的稻田中，二氧化碳的浓

度可高达15%～20%，甚至危害水稻生长。

土壤空隙量受土壤机械组成和耕作的影响，鳝血土、大混土等肥沃稻土，疏松多孔，在淹水后土壤孔隙度保持在50%～55%，非毛管孔隙在12%～14%，日渗透量可达10 mm以上。而僵板土，因颗粒排列紧实，结持粒大，通气孔隙少，排水困难，如果采取不合理的耕作，种稻后3～4月仍有僵硬土块，影响水稻根系的生长。据测定，僵板土中的固、液、气三相比为1∶1∶0.2，而鳝血土三相比为1∶0.9∶0.6。

在长江中下游平原肥沃水稻土中，如果小于0.25 mm的团聚体保持在17%～40%范围，非毛管孔隙在8%～10%，土壤耕作性表现良好；小于0.25 cm的团聚体在15%～17%，非毛管孔隙度小于4%，则表现囊水闭气，影响土壤肥力的发挥，水稻生长不良。小于0.05 mm的团聚体增多，能有效地降低小于5 μm的细孔隙数量，从而提高水稻土的通透性。水稻土中有机质的85%以上是同矿物质结合的，土壤中有机无机复合体越多，土壤结构越稳定，有利于土肥相融，爽水通气。

（二）土壤质地变化

水稻土耕层质地的沙土与黏土比例，对土壤结构和耕性也有十分明显的影响。一般水稻土中黏粒含量保持在20%～30%，才具有较好的保水保肥性能。从我国水稻土质地状况看，南方平原地区的水稻土，一般含粗粉粒较高，占60%～70%，而有的水稻土的黏粒含量较高，可达到30%～50%。当耕层粗粉粒/黏粒的比值为1.5～2.0，土壤水容重在0.6～0.7，则表现土壤耕性良好。

（三）土壤的温度变化

水稻土含水量高，因水的热容量大，随着灌水层的加深，耕层的日最高温度逐渐下降，而日最低温却有所升高，从而使耕层日温差缩小，耕层以下的土温因受地下水位的影响，变幅更小；冷泉水的入渗，地形荫蔽均会导致土温降低而形成各类冷浸田。通常采取排水晒田，浅水灌溉等措施提高土壤温度。

二、水稻土的化学性质

在灌水还原条件下，土壤化学性质的变化是十分明显的。如氧化还原电位降低、有机质分解缓慢、矿物质在耕层淋溶而在犁底层积淀等。在耕作与施肥的影响下，又有复盐基作用，因此在酸碱平衡、养分的转化供应上与起源土有所不同。

（一）土壤酸碱度的变化

土壤渍水后，无论是酸性土还是碱性土，土壤 pH 均向中性发展，很快就达到平衡。据研究，酸性土壤灌水两周后，pH 升高达到中性而趋于稳定。石灰性土壤灌水后，pH 降低达到中性，但其速度比酸性土为慢。红壤淹水种稻，pH 很快升高，而趋于稳定；潜育性水稻土，排水后 pH 降低的速度大于复水后升高的速度。因此，实行水旱轮作，干湿交替也是调节土壤酸碱度的有效措施。

pH 的改变又是引起微生物活动与养分释放的重要因素。当 pH 接近中性，水溶性磷、硅、钼的有效性提高，而锌却因被硫化物固定，其有效性降低，同时铁、铝、锰的毒害性显著受到抑制。pH 6～8 是适于土壤微生物的氨化与硝化的条件，而能使土壤有效氮含量提高。pH 的改变还能引起土壤胶体的活性点的变化。

（二）水稻土中氮素的转化与供应

水稻土中的氮素主要来自含氮的有机物分解，其氮素大部分呈有机态存在，无机态仅占全氮的 2%～4%。土壤的含氮量与土壤有机质含量密切相关，有机质在水稻土中的转化，主要是含氮有机物在嫌气条件下的氨化过程。

土壤温度在 20 ℃时，土壤有机质分解的氨化作用最旺盛，产生的铵态氮除了被水稻利用外，一部分还被微生物和黏土矿物质所固定，其中黏土矿物质固定的氮约占总氮的 6%，并随矿物质的不同而发生变化。有机物中 C/N 比值是影响有机物分解速率的重要因素。比值大则分解慢，供氮能力低；比值小分解快，供氮能力大。C/N 比值低于 10，则易造成氮素的损失。据研究，绿肥等秸秆翻压后，稻田铵态氮的释放，一般呈现两个高峰，灌水 20 d 后出现第一个高峰；35 d 后出现第二个高峰，以后逐渐降低。

在同一类水稻土上，高肥力田的氨化速度和铵的生产量均比低肥田的快而多。在水旱轮作田，复水后铵态氮也显著提高。铵的生成量还随土温的升高而增加，称为“增温效应”。对于有机质丰富的潜育型水稻田，经过旱作或者晒田后，铵的生成量增高的作用，称为“干土效应”。在生产中经常利用这两种效应，采用排水晒田，干耕晒垡和水旱轮作等措施提高铵的生成量。

（三）水稻土对磷素的供应

水稻土中的磷素，一部分来自母质的分化或施用的磷肥，一部分来自有机物的分解。前者多与钙、镁、铁和铝结合成难溶性磷酸盐及部分代换性磷，后者以卵磷脂、核酸和磷酸酯类有机物存在，占全磷量的20%～50%，需经过微生物和水解作用转变成无机磷，才能被水稻所利用。

湖北稻麦轮作地区，土壤全磷量虽低，但总有效磷高，占全磷量的50%～80%。

土壤全磷与土壤有效磷无相关性，它是提供有效磷的物质基础。土壤中有效磷包括水溶性的含磷化合物，一般呈离子形态和弱酸溶性化合物而存在。钙、铁和铝的磷酸盐，除磷酸二钙和磷酸二镁外溶解度很低，但在淹水条件下，也能逐渐释放磷酸，供作物或微生物吸收，这部分磷称为非闭蓄态磷。在我国南方水稻土中非闭蓄态磷占无机总磷量的30%～60%。

土壤淹水后磷酸盐的溶解度和有效性显著提高，但是，磷的利用率低，因此，稻田适时补充磷肥是必要的。

（四）水稻土对钾素的供应

土壤中的钾素主要来源于钾矿物质的风化，其含量要比氮、磷高得多，一般为0.5%～2.5%，但能被水稻吸收利用的只占全量的1%～2%。按其对水稻的有效性可分为三种形态，一种是难溶性钾，主要存在于黏粒部分，是土壤含钾的主体；另一种是缓效性钾，是黏粒矿物固定的钾离子，约占全钾的20%，有的高达60%，是速钾的后备；还有一种是速效性钾，即交换性与水溶性钾的总称，占全钾的0.6%～1.4%。土壤中钾的释放量通过原生岩石风化产生的，因此母质的类型影响着土壤中钾素的含量。

钾素在土壤中的转化过程是：矿物钾→缓效钾→代换性钾→水溶性钾。缓效性钾比速效性钾更能反映土壤钾素的供应能力，水稻总吸钾量与来自缓

效性钾的相关性显著，说明缓效性钾是水稻钾素的主要供给来源。

（五）水稻土的微量元素供应

水稻土中的微量元素来自矿物质。矿物质随着风化作用的加强，则形成氧化物、硫化物、硅酸盐、碳酸盐、硼酸盐和钼酸盐等形态。水稻土中的微量元素部分来源于有机物，呈络合态保存在有机胶体中。水稻土中的微量元素含量微少，并随母质和地域的差异有较大的变幅。如硼的含量介于 0～500 mg/kg，锰的含量介于 40～3 000 mg/kg，锌的含量介于 2～700 mg/kg，铜的含量介于 0.1～5.0 mg/kg。这些微量元素大部分都在原生矿物和次生矿物中，有效态的含量（水溶态和交换态）更少，因此，稻田土壤大都缺乏微量元素。

三、水稻土的生物活性

土壤微生物既是土壤的组成部分，又参与土壤肥力的形成与演变。它既有自生的生命活动规律，又与土壤发生物质和能量的转化相联系，对土壤理化性质起着极为重要的作用，水稻土中微生物的类群与旱作土基本相同，只是嫌气微生物占优势，但在晒田落干水期间，好气微生物又有所发展。微生物中的细菌增多，放线菌次之，真菌最少。每克土壤中细菌有 300 万～2 000 万个，放线菌 10 万～300 万个，真菌为 0.7 万～12 万个。由于淹水时间、施肥数量和耕作管理不同，微生物数量在同一类水稻土上差异也很大，高肥力田块比低肥力田块数量高得多。

稻田微生物生理群的消长，还随着稻田有机质或者有机质的分解进程而变化。如有机质分解的最初阶段，可溶性碳水化合物分解，则荧光假单孢细菌和氨化细菌、毛霉、根霉的数量占优势。当含氮化合物和纤维素分解时，青霉、曲霉、毛壳霉逐渐占优势，直到最后放线菌、芽孢杆菌最为活跃。

秸秆还田使稻根上还原细菌的氨化细菌、脱氮菌和硫还原菌的数目超过未加稻草的，尤以分蘖盛期为最高，此后，随水稻生育期的推进，菌数递减，这种现象与有机质数量和分解有关。

稻田土壤微生物引起的主要生物化学作用，在于促使各种元素的还原，如硝酸盐、硝酸铁和硝酸锰氧化物被嫌氧微生物在嫌氧呼吸过程中所还原。从土壤肥力与作物生长的要求看，有机质的矿化对碳、磷和硫等元素的固定与溶解有极其重要的影响。如有机质的分解产物乙醇、乙酸、乳酸、丁酸、氨、胺、吲哚硫酸、硫化氢、二氧化碳和氢气等。其中形成的有机酸积累过多，则造成对水稻的危害，应及时换水、晒田或施用硫酸铵，可促进硫酸盐还原细菌的活力，以阻碍有机酸的形成。

第二节　水稻土的类型

一、水稻土的分类

水稻土是一种人工水成土，是在长期人工淡水条件下，定向培育逐步形成的，形成的环境、特点及形成的土体性状，均与一般旱作土和水成土有明显的差异，一般发育正常的水稻土均具有耕层、犁底层、渗育层与斑潜层的土体构型。

1. 耕层

耕层是经受频繁的耕作与季节性淹水、排干的影响而形成的，也是水稻根系的主要活动层，厚度在12～18 cm。一般可分为三个亚层，第一个亚层为表面层，由悬浮物质沉积而成，质地致密，厚度不超过1 cm；第二个亚层为上亚耕层，土团较小而沉实，孔隙小，多根锈；第三个亚层为下亚层，土团大，孔隙多，结构面附着不同色泽的锈色胶膜或鳝血土。排水不良的土壤在不翻情况下，则夹有明显的青灰土团。

2. 犁底层

犁底层是受犁具挤压而逐渐形成的，厚度10 cm上下，质地较紧实，有保水作用。

3. 渗育层

渗育层是水稻土主要发生层，随水下渗的物质多在此淀积，也是协调水气的主要层次，在肥力上有重要意义。淹水时该层处于饱和、过饱和和非饱和状态，下渗水沿大孔隙向下渗漏形成水柱，而闭合孔隙则充满空气，由于

氧化还原条件变化与吸附作用，随水下淋的物质多在此淀积，渗水中含有一定量的可溶性有机质，在水分流或停滞处进行局部还原淋溶与氧化淀积。

4. 斑潜层

斑潜层是土壤地下水频繁活动的土层，种稻时为地下水淹没，随着水下淋的物质多在此淀积，形成大而多的锈斑，甚至出现黏化层。

5. 潜育层

潜育层一般认为是地下水长期浸渍而形成的，但多数情况下为起源土壤潜育层的残留。

6. 母质层

母质层是起源土壤未经改变的土层，受水稻土形成作用影响很小。

7. 埋藏层

埋藏层是自然覆盖或人工堆叠而埋藏的起源土壤表层。在平原尤其是谷地与湖区洼地更为常见。如该层出现部位高，可能影响水稻土的水分状况和肥力。

二、水稻土的主要类型

水稻土是湖北省分布最广、最重要的耕作土壤，从海拔 15 m 到 1 570 m 均有分布，但以丘陵平原面积最大。全省水稻土占耕地面积的 50.7%。咸宁、黄冈和孝感地区的水稻土面积占耕地面积的 70%以上，荆州、荆门、仙桃、天门和潜江地区水稻土面积占耕地面积的 54.4%，鄂西南和十堰地区水稻土面积比例较小，分别占该地区耕地面积的 27.1%和 16.5%。

水稻土可划分为四个亚类。

1. 淹育型水稻土

分布在低山丘陵的岗顶、上塝和冲垄顶部，平原湖区高亢，平原上边也有一定面积的分布。淹育型水稻土水源不足，产量低而不稳定。淹育型水稻土占全省水稻土土壤面积的 13.6%，其中鄂西北山区，水利条件比较差，淹育型水稻土面积大，占全区水稻土面积的 45.5%，如竹山县占 65.5%。

2. 潴育型水稻土

多分布于低山丘陵地区的中、下塝，冲垄中部，低山平畈，平原湖区和沿河岸阶地。排灌条件好，潴育型水稻土占水稻土面积的76.87%，其中武汉、黄冈、孝感和恩施等地潴育型水稻土占水稻土总面积的80%左右，而荆州地区占61.8%，十堰地区占48.9%。

3. 潜育型水稻土

潜育型水稻土约占水稻土面积的8.86%，分布在各地山区丘陵的冲垄和平原的低洼处，水网湖区的低湖和内河滩地和湖泊的边缘。其中鄂西南和鄂东南地区，该类型水稻土分别占水稻面积的10.5%、18.9%和17.4%，潜育型水稻土排水困难，地下水位高，是湖北低产水稻土。

4. 保渗型水稻土

该类型水稻土面积很小，只占水稻土面积的0.58%，零星分布于丘陵山区，集中于山间或丘陵间谷地与河谷阶地上。种稻之前多为丘陵坡地，水土流失严重。

第三节　水稻土资源质量

一、水稻土资源

湖北省水稻土资源约有3 053万亩，占湖北省耕地的1/2，因而水稻土的质量状况对全省的农业生产是十分重要的。

（一）一等水稻土资源

全省有78.33万hm^2，占水稻土资源总面积的38.5%，根据土壤生态环境、土壤属性和产量的差异，可分为2级：

（1）一等一级水稻土　全省面积为30.04万hm^2，占水稻土面积的14.17%，土壤类型有锅沙泥田、灰湖沙沼田和麻沙泥田等3个土种。

（2）一等二级水稻土　全省面积为48.29万hm^2，占水稻土的23.74%，土壤类型有马肝泥田、次灰钙黄泥田、钙黄泥田、次灰白散泥田、白散泥田、细泥田、潮泥田等7个土种。

(二) 二等水稻土资源

全省面积为55.11万hm^2,占水稻土总面积的27.4%,可分为二级:

(1) 二等一级水稻土 根据生态环境条件,土壤肥力状况,土壤属性的评价是有一定的阻碍因素(或缺磷和钾,或质地较黏重,或长期施用石灰,pH偏碱性等),但易于改良。土壤包括黄泥田、乌泥田、赤沙田和细沙泥田等20个土种,面积为42.52万hm^2,占水稻土面积的21.6%。

(2) 二等二级水稻土 面积为11.93万hm^2,占水稻土面积的5.86%,土壤类型有细白散泥田、岩泥田和紫泥田等24个土种,全省各地均有分布。

(三) 三等水稻土资源

全省面积为22.05万公顷,占全省水稻土总面积的9.9%,可分为二级:

(1) 三等一级水稻土 综合评价有较难以改良的障碍因素,如土体内有障碍土层,并普遍缺磷素,有的缺钾,有的质地黏或沙性较重,有机质含量较低,灌溉水源保证率偏低。全省面积为12.97万hm^2,占水稻土面积的6.4%,土壤类型有青底白散泥田、次灰紫泥田、青底麻沙泥田、青底潮泥田,岗黄土、卵石黄泥田等34个土种,是土肥力和生产力下等偏中的水平。

(2) 三等二级水稻土 面积为9.07万hm^2,占水稻土面积的3.48%,土壤类型有隔灰岩泥田、青隔细沙泥田、硅洼田和浅位铁盘硅沙泥田、类砂灰泥田等40个土种,多属于低产土壤类型。

(四) 四等水稻土资源

全省面积为17.41万hm^2,占水稻土面积的9.4%,从综合评价显示,有严重的障碍土层,如烂泥田、锈水田、冷泉田、矿毒青泥田、冷浸潮泥田、灰青泥田和灰冷浸烂泥田等,多属于表潜型,是改良难度大的低产田。

二、高产水稻土的基本特征

(一) 构造良好

高产稻田土壤,层次鲜明,水、肥、气和热协调,由上而下,第一层为耕作层,厚度15~20 cm,肥沃松软,耕性好;第二层为犁底层,厚10 cm左右，紧实度适中，既有较好的保水保肥能力，又有一定的渗水性；第三层为斑纹层，土壤中有明显的红棕色斑纹，这是土壤水和通气良好的重要标志。地下水位高的水稻田没有斑纹层。高产稻田土壤的潜育层一般在土表 80 cm 以下。

（二）养分丰富

高产稻田的 pH 为 6.0～7.0，有机质含量 2.5%以上，全氮含量 0.15%以上，全磷含量 0.1%以上，全钾含量 1.5%以上，速效钾含量 0.01%以上，每 100 g 土壤阳离子代换量在 10～20 mg 当量范围内，盐基饱和度为 60%～80%，微量元素充足。

（三）保水能力适当

高产稻田既有较强的保水性，又有一定的渗漏性，每天渗漏水量为 7～15 mm，灌一次水能保持 5～7 d。

（四）有益微生物活动旺盛

高产稻田土壤中固氮菌、硝化细菌、氯化细菌、好气性纤维分解菌和反硫化细菌等细菌的数量多，活动旺盛，生化强度高（指呼吸强度和氨化强度，呼吸强度以每千克土壤每小时释放的 CO_2 质量（以 mg 计）表示，氨化强度以每 100 g 土含铵态氮的质量（以 mg 计）表示，保温性能好，升温降温比较缓和。

第四节　水稻需肥与施肥

要根据水稻对养分的吸收规律，做到测土配方施肥，以地定产，以产定肥，科学施肥，提高效率。

一、水稻需肥特性

（一）水稻所需营养元素

水稻要正常生长，必须吸收十几种营养元素，其中对氮、磷、钾、钙、镁、硫和硅等元素的需求量较大，称为大量元素；对铁、锰、锌、硼和铜等元素的需求量要少，称为微量元素。各种元素都具有特殊的功能，对水稻的生长发育都是同等重要的，缺一不可，不能相互代替。这些矿质元素，一般土壤中都含有一定的量。土壤中的主要元素氮、磷、钾满足不了水稻的要求，需要补充，其他元素主要靠土壤和灌溉水提供，但不同土壤中这些元素的贮藏和有效供给程度不同，也需要补施，缺什么补什么，缺多少补多少。

（二）水稻对三要素的吸收量

水稻对三要素的吸收量，通常是根据水稻收获物中的含量计算出来的。中国科学院土壤研究所，对我国各地水稻收获物成分的分析结果显示，每生产稻谷和稻草各500 kg，需吸收氮、磷和钾的总量为N 7.5～9.55 kg，P_2O_5 4.05～5.1 kg，K_2O 9.15～19.1 kg，氮、磷、钾的比例为2∶1∶（2～4）（表5-1）。

表5-1　水稻收获物中氮、磷、钾含量

水稻类型	稻谷（平均重/%）			稻草（平均重/%）			500 kg稻谷及稻草吸收的养分量/kg		
	N	P_2O_5	K_2O	N	P_2O_5	K_2O	N	P_2O_5	K_2O
早稻	1.10	0.70	0.73	0.85	0.32	3.20	8.25	5.10	19.10
双季晚稻	1.19	0.63	0.45	0.72	0.29	2.21	9.55	4.55	13.30
一季中稻	1.10	0.73	0.30	0.40	0.22	1.53	7.80	4.75	9.05
一季晚稻	1.11	0.85	0.38	0.53	0.23	1.86	8.20	4.05	11.20

（三）实际施肥量的确定

水稻实际施肥量比所吸收的养分含量高，应根据产量指标，土壤养分的供给量，所施肥料的养分含量以及利用率等进行全面考虑。在理论上，可按下列公式计算出来。

$$\text{理论施肥量}=\frac{\text{计划产量吸收的养分量}-\text{土壤养分供给量}}{\text{肥料中该元素的含量(\%)}\times\text{肥料利用率(\%)}}$$

计划产量所吸收的养分量，可根据收获物中的养分含量确定。土壤养分的供给量，主要取决于土壤养分的贮藏量和有效程度。据湖北省农业科学院用^{32}P标记土壤磷的试验证明，水稻吸收的氮素有59%～84%、磷素有58%～83%来自土壤，但施肥可以促使水稻对土壤原有氮素的利用。

肥料的利用率，与肥料种类、施肥方法、施肥时期和土壤的质地等有关。我国稻田施用化肥的当季利用率大致为氮肥30%～60%，磷肥10%～25%，钾肥40%～70%，一般生产上决定适宜施肥量时，主要根据上年施肥量和水稻生育状况进行合理调整。依据品种，土壤肥力而异。早稻生长期间，前期气温偏低，需要施肥量适当多一些，每亩早稻单产400～500 kg，需施氮10 kg，一季中稻和双季晚稻生育期温度高，土壤供肥力强，肥料利用率相对较高，在相同的产量下，比早稻施肥量可少些。

二、水稻各生育期需肥规律

（一）不同生育期需肥量

水稻植株体内营养元素总的变化趋势是随着生育进程的发展，植株干物质积累量增加，氮、磷和钾的含量逐渐减少。但对不同营养元素，不同施肥水平和不同水稻类型，表现情况并不完全一样。

水稻植株体内氮的含量占干重的1%～4%，含氮高峰期早稻一般在返青期，晚稻在分蘖期，以后急剧下降，至拔节期逐渐平稳，但供氮水平高时，早稻含氮高峰期可延迟至分蘖期，晚稻可延迟至拔节期。

水稻植株体内磷的含量变化幅度小，一般在0.4%～1%范围内，晚稻高于早稻，含磷高峰期，早晚稻都在拔节期。

水稻植株体内钾的含量为2%～5.5%，早稻高于晚稻；早晚稻的含钾高峰期都在拔节期。

一季稻在大田有两个吸肥高峰，分别在分蘖期和穗分化期；早稻只出现一个吸肥高峰，且出现早，下降幅度大；双季稻的营养生长期主要在秧田度过，移栽后20 d出现一个不大明显的高峰期，维持时间比较长。

（二）不同施肥时期肥料利用率对产量的影响

（1）不同施肥时期肥料的利用率　施肥时期不同，其利用率差别很大，一般氮素化肥作基肥比作追肥的利用率低，而追肥中又以水稻吸肥力最强的幼穗发育期追肥的利用率最高。据王维金应用^{15}N标记尿素对杂交稻试验表明，尿素作基肥的利用率为27.6%，作分蘖肥的利用率为35.2%，作促花肥的利用率为51.1%，作保花肥利用率为48.5%，进一步研究表明，基肥^{15}N被转运至穗部的只占施入N量的13.7%，分蘖肥占18.1%，促花肥占29.6%，保花肥占30.7%。

（2）不同施肥时期对产量形成的影响　水稻高产栽培时，一般要施用基肥、分蘖肥、穗肥和粒肥。基肥是指插秧前大田施下的肥料，包括深施的底肥和浅施的面肥；分蘖肥是指插秧后为促进分蘖而施的肥；穗肥是指幼穗分化开始前后至孕穗期施的肥；包括促花肥和保花肥，促花肥是在穗轴分化期至颖花分化期施用，保花肥是在花粉母细胞减数分裂期稍前施用的肥；粒肥是在齐穗期前后施的肥。

不同时期施用的肥料对产量构成因素的影响，与施肥种类、数量、水稻生长状况和其他栽培条件有关。以有机肥作底肥深施，肥效期长，对产量构成因素有促进作用；以速效肥料浅施的面肥、早施的分蘖肥，主要作用是促进有效分蘖，提高成穗率，增加有效穗数；分蘖盛期后施的分蘖肥，则会促进无效分蘖大量发生，降低成穗率；促花肥主要是巩固有效分蘖，促进幼穗枝梗和颖花的分化，增加每穗颖花数；保花肥可以减少每穗的退化颖花数和扩大每颖花的容积，还可以防早衰；粒肥有延长叶片功能期，提高光合强度，减少空秕粒和增加粒重的作用。

三、水稻施肥方法

（一）化肥的施用方法

（1）氮素肥料　氮素化肥分为铵态氮和硝态氮两大类，施用不当，肥料利用率低。肥料损失包括反硝化作用的脱氮、淋失和氨的挥发。

在稻田，主要是使用铵态氮肥。铵态氮肥如果施在土壤表层，经氧化而成硝态氮，然后随水下渗至还原层土壤，被还原而进行反硝化作用产生脱氮；铵态氮因其易被土壤吸附，不易淋失（施后立即排水，也会大量流失）；碳酸氢铵等在高温下很容易造成氨的挥发损失。防止氮肥损失的办法除避免在高温下施用碳铵外，主要是深施。氮肥深施不仅可以提高水稻对肥料的利用率，而且氮素输入穗粒中增多，有利于提高稻谷产量。

铵态氮主要指液态氮、氨水，以及氨与酸作用生成的铵盐，如硫酸铵含氮量20%左右；氯化铵含氮量24%～25%；碳酸氢铵含氮量15%～17%。

硝态氮肥是指含有硝酸根的氮肥，有硝酸钾、硝酸钙、硝酸铵、硝酸钠和硝酸镁等，一般用于旱作物追肥较为理想，增产效果好，不适合水田施用，因为硝态氮移动性很强，出现反硝化作用导致其挥发损失。

（2）磷素肥料　磷肥利用率低的主要原因，一是磷肥施入土壤中后，很快与土壤中的钙、铁和铝等结合形成化合物，在南方水稻土中，主要以磷酸铁的形式存在，降低了磷的有效性；二是磷酸铁等大都以固体状态存在，在土壤中移动性很小，较难与水稻根系接触。提高磷肥利用率的方法，主要有与有机肥或堆肥混合，然后再施；采用集中施肥方法，如沾秧根等；在水旱轮作时，把磷肥重点用于旱作。

磷肥主要包括三种类型，一种是水溶性磷肥，如过磷酸钙、重过磷酸钙、磷酸钙；另一种是可溶性磷肥，如钢渣磷肥、钙镁磷肥和脱氟磷肥等；还有一种是难溶性磷肥，常见的有磷矿粉和骨粉等。

（3）钾素肥料　土壤对钾的吸附力强，钾流动性小，很少流失，且被土壤吸附后，仍能被水稻所利用。各种形态的钾肥都可以作基肥一次施用，并能长期供水稻吸收利用。只是对于沙性土壤，应基肥和追肥配合施用，以提高肥效。

以钾为主要养分的肥料有氯化钾、硫酸钾、硝酸钾、磷酸一钾、磷酸二钾、钾泻盐和草木灰。

（二）水稻不同生育期的施肥方法

水稻生产区域因自然条件、耕作制度、生产水平、施肥水平和推广的水稻品种类型等差异很大，所以存在着不同的施肥方法，主要表现在基肥与追肥的比重，追肥的时间和数量的配置上。

1. 水稻生育前期的施肥法

（1）前促施肥法　这种施肥法是将全部肥料施在水稻生育前期，一种方法是将全部肥料作基肥一次施用，另一种方法是将肥料分基肥和分蘖肥两次施用，两次施用的一般基肥在总施肥量的70%左右，其余肥料在移栽返青后追施。这种方法主要是为了促进分蘖早生快发，确保增蘖多穗，以多穗获得高产，一般用于栽培早稻、双季晚稻和早熟一季中稻的常规稻品种。

（2）前促、中控、后补施肥法　这种施肥法是以80%左右的肥料用于水稻生长前期，在施足基肥的基础上，早施分蘖肥，以确保较多的穗数，中期控制氮肥用量，只在秧苗长势较弱的情况下施适量的氮肥，以壮秆攻大穗；后期（抽穗前后）适当补施粒肥，以延长叶片功能期，提高结实率和粒重。这种施肥方法在生产中应用比较普遍，一般用于栽培生育期较长的中稻，特别是对分蘖穗比重大的杂交稻生产上。

2. 水稻生育期中期施肥法

（1）前足、中促、后保施肥法　在前期施入一定肥料的基础上，中期增加追肥用量，攻大穗，后期看苗补施粒肥。一般基肥用量占总施肥量的40%～60%，中期重追肥，追肥中分蘖肥占30%，穗肥占50%左右，粒肥占20%以下。一般用于栽培生育期长的一季（中或晚）稻。

（2）稀、控、重施肥法　主要适用于大穗型杂交稻栽培。

“稀”是稀播，培育带分蘖的壮秧，推行宽行双株插秧。每亩秧田播种量10 kg，秧龄30 d左右，单株带蘖3～4个；插秧行距30 cm，蔸距15 cm，每穴插双株。

“控”是控制基肥用量，基肥用氮量占总施氮量的40%～60%，插秧后，不施分蘖肥，够苗后晒田，控制无效分蘖。

“重”是重施穗肥，穗肥占总肥量的50%左右，分两次施用，第一次在抽穗前33～38 d施促花肥，增加每穗颖花数并促进迟分蘖成穗；第二次在孕穗期（减数分裂期）施保花肥，以减少颖花退化数和提高结实率。抽穗后叶片喷施1～2次磷酸二氢钾壮粒。

施肥总量要因田制宜，一般计划单产稻谷产量600 kg/亩，施纯氮10～12 kg为宜。

第五节　稻田水分管理

水分是稻田土壤环境的重要组成，适宜的水分有利于稻田耕作、水稻生长，防御低温、高温危害，促进高产稳产，提升品质。

一、水稻的生理需水和生态需水

一切生命的存在都离不开水。水既是水稻植株的构成成分，又是参与水稻各种生理活动的物质，还是改善稻田生态环境的调节剂。水分对水稻生长发育的意义表现在水稻的生理需水和生态需水两个方面。

（一）生理需水

生理需水指直接用于水稻正常生理活动及保持体内水分平衡所需要的水分。水是水稻细胞原生质的主要成分，其含水量达80%以上，使植株保持固有的姿态。植株通过根部吸收的水分，绝大部分是蒸腾作用散失的。蒸腾作用是吸收水分和养分的主要原动力，能促进水分和养分在稻株体内的循环，并降低植株温度，减免高温伤害。水稻的蒸腾强度与土壤水分、气候环境、品种类型、生育阶段和全生育期长短有关。

土壤含水量与光合作用有密切关系，土壤水分不足时，水稻叶片气孔关闭，降低了对 CO_2 的同化率，甚至由于叶绿体失水，直接破坏了光合系统，因而光合作用降低。一般当表层土壤水分在最大持水量的80%以下时，光合作用强度就会降低。

（二）生态需水

生态需水是指用于调节土壤空气、温度和养料，抑制杂草，制造适于水稻生长发育的田间环境所需的水分。

稻田在淹水情况下，土壤处于还原状态，有机质分解慢，积累多，矿质元素的有效性提高，铵态氮的损失减少，蓝藻及其伴生细菌的固氮能力加强，有利于土壤肥力的保持和提高。

在土壤的水、气、土三相中，水的比热最大，汽化热也高，而导热率低，故水对土壤温度和湿度调节作用较大。且通过合理灌溉与排水，能抑制杂草和病虫害发生。

二、稻田需水量与灌溉定额

（一）稻田需水量

稻田需水量又称稻田耗水量，一般用 mm 表示。稻田需水量由叶面蒸腾量、穴间蒸发量和稻田渗漏量三部分组成。蒸腾量与蒸发量合称腾发量。蒸腾量与土壤水分、气候条件、品种类型和生育阶段等有关；蒸发量与稻株荫蔽度有关，稻株叶面积大，荫蔽度大，则蒸发量小。故在一定条件下，蒸腾量与蒸发量之间呈现相互消长的趋势。腾发量主要受气候因素所支配，水稻各生育阶段的腾发量与同期气温呈正相关，其次也受品种、施肥水平的影响。

渗漏量的大小，主要受土壤质地的影响，也与地下水位、整田技术、灌水方法有关。我国稻作区域辽阔，各地生态环境不同，稻田需水量差异极大。

（二）灌溉定额

在水稻需水量中，一部分是由水稻生长季节内降水供给的，其余部分是由人工灌溉补给的。每亩稻田需人工补给的水量，称为灌溉定额。

灌溉定额＝整田（泡田）用水量＋大田生育期间耗水量－有效降水量

我国南方稻田灌溉定额：一季稻为 300～420 mm（相当于 200～380 m^3）；双季稻为 600～860 mm（相当于 400～573 m^3），而北方稻区灌溉定额变化较大，一般在 400～1 500 mm（相当于 267～1 000 m^3）。

三、稻田灌溉技术

（一）水稻各生育期对水分的要求及灌溉原则

1. 返青期

秧苗移栽时因根系受伤，吸水力弱，容易失去水分平衡。因此插秧后至返青期这段时间保持田间适宜的水层十分重要。由于早、中、晚稻栽后的气候条件不同，灌水的深度和要求不一样。早稻一般白天灌浅水，晚上灌深水，提高泥温和水温，寒潮来时应适当深灌。中稻和一季晚稻应保持较深水层。二季晚稻为了防止高温伤害秧苗，白天宜加深水层或流水灌溉，晚上排水，促进发根返青。灌水深度，晴天 5～10 cm，阴雨天 3～4 cm。

2. 分蘖期

无论是早稻还是中、晚稻，返青至有效分蘖期间，都应浅水勤灌，以保持土壤水分达饱和至薄水层为度，以增加土壤氧气，使土壤昼夜温差大、光照好，有利于分蘖。以绿肥作底肥的早、中稻田，应每隔 2～3 d 露泥，甚至轻晒田一次，防止稻根受还原性物质（如硫化氢、硫化铁等）的毒害而僵苗。分蘖后期，当分蘖达到预期的数量后，应采用晒田或灌深水的方法控制无效分蘖的发生。

3. 幼穗发育期

此期是水稻一生中生理需水量最多的时期，特别是减数分裂期（孕穗期）对水分不足最为敏感。因此，这一时期要求田间保持水层，特别是孕穗期，更应防止脱水，否则会导致每穗颖花数大减。水层深度不宜超过 10 cm。

4. 抽穗扬花期

此期对稻田缺水的敏感度仅次于孕穗期，也应保持田间有水层。

5. 灌浆结实期

此期间歇灌溉，保持田间湿润，防止断水过早，以延长叶片的功能期，保持稻株较强的光合作用，并使茎叶中贮存的有机物能顺利运到籽粒中去。特别是对于杂交稻，因其弱势花可灌浆的时间长，更不宜断水早。

（二）晒田的作用及技术

晒田又称烤田或搁田，是一项协调水稻与环境、群体与个体、生长与发育诸矛盾的有效措施。

1. 晒田的作用

晒田可以更新土壤环境，改变土壤的理化性质。通过晒田，使大量空气进入耕作层，土壤氧化还原电位升高，CO_2 含量减少，加速了土壤中有机物的分解矿化和还原性物质的氧化，提高了土壤有效养分的含量和解除了有毒还原性物质对根系的毒害，使白根增多，黑根减少。晒田可以调节稻株长相，

促进根系发育。晒田后，铵态氮被氧化逸失，磷由易溶转为难溶，因而土壤耕层中有效氮、磷含量暂时降低，同时由于切断了水分供应，根系吸收能力暂时受到抑制，对地上部分营养生长也有暂时的抑制作用，单株干重增长速度降低，迟发分蘖加速死亡，基部节间变短，茎秆变硬，从而提高了群体内通风透光度，提高了水稻抗倒和抗病能力。由于土壤养分状况的改变，促进了根系下扎，扩大了根系范围，根系活力加强。这些都为复水后水稻的健壮生长发育打下了良好基础。

2. 晒田技术

晒田技术主要在于掌握好晒田时期和晒田程度。

(1) 晒田时期　确定晒田时期的原则是"到时晒田"和"够苗晒田"。"到时晒田"是指在分蘖末期至幼穗分化初期晒田。"够苗晒田"是指在单位面积上总苗数达到计划穗数时排水晒田。对于土壤肥力高，苗数增长快，长势旺的田块，一般以"够苗晒田"为准；对于土壤肥力低，苗数增长慢，长势差的田块，一般以"到时晒田"为准。

(2) 晒田程度　包括重晒、轻晒和露泥（晾田）三种。一般对"够苗晒田"的田块，应重晒，晒到田边开大裂，中间"鸡爪裂"，人立不陷脚，叶色明显落黄。对于"到时晒田"的田块，应轻晒或晾田，轻晒的标准为田边开"鸡爪裂"，中间稍紧皮，人立有脚印，叶色略退淡；晾田则只排干水。通过晒田，应使禾苗出现"风吹稻叶响，叶尖刺巴掌，下田不缠脚，叶挺茎秆壮"的长相。

（三）稻田主要灌溉类型

(1) 爽水型稻田　肥力较高，水源方便，质地为黏壤或壤土的稻田，一般采取水层、湿润和晒田三结合的灌溉方式。

(2) 冷浸型稻田　包括山丘地区的各种冷浸田和平原地区低洼、地下水位高的烂泥田，除开明沟或暗沟排除冷浸水、降低地下水位外，也可采取"起垄栽培法"，以湿润灌溉为主。

(3) 缺水型稻田　地下水位很低，无水源保证，特别是"望天田""高塝田"，为了节约用水，可采用前期间歇灌溉，后期浅水灌溉为主的方法。也可采取浅灌蓄雨的方法，即需水时保持薄水，大雨后保留深水。

（4）地下排灌　即在地下埋暗管，挖暗沟、鼠洞等，组成地下排灌系统进行排灌。其优点是能改善土壤通气状况，节约水电，增加耕地面积，便于机耕和运输。但表土层不易湿润，造价高，不易检修。

（5）喷灌　有节水、省地、省劳力和保持水土等优点，可与施化肥和农药等结合进行。

思考题

1. 种植水稻的土壤适宜 pH 是多少？
2. 水稻生长需要吸收的大量元素有哪些？
3. 水稻田为什么要进行晒田？

第六章 培育水稻壮秧

水稻育秧移栽是在直播种植方式上发展起来的，在我国已有1 800多年的历史。同直播栽培方式相比，育秧栽培能适当提早播种，充分利用季节和土地资源，解决多熟制、前后熟作物的季节矛盾，提高复种指数；集中播种育秧，既能节省种子，又便于经济合理用肥、灌水，精细管理，培育壮秧，“秧好一半谷”，打好高产基础。

第一节 育秧方式的不断改进

我国水稻的育秧方式，以水分管理状况划分，分水育秧、湿润育秧、旱育秧，又分水播水育、水播湿育、湿播水育、湿播湿育、旱播湿育、旱播旱育等；以设施保温育秧划分，分塑料小拱棚育秧、塑料大棚育秧、温室育秧等，近年来，又推广了工厂化塑料盘基质育秧，用于机械插秧。为了减少秧田面积，发展了利用晒场、房前屋后铺垫无纺布塑盘育秧的方法。

一、湿润育秧

20世纪50年代中期，为解决水育秧中出现的坏芽和烂秧等问题，试验研究了湿润育秧，改善了土壤通气状况，较好地解决了水稻秧苗有氧呼吸过程对氧的需求。优点有：胚乳物质的能量转化效率高，抗逆性强；扎根与立苗快，避免了浮芽与倒苗现象；能抑制大部分嫌气性菌类的混生与活动，减少病菌侵袭与感染的概率。湿润育秧随后在全国稻区普遍推行。

20世纪70年代中期，农业科研单位在湿润育秧的基础上，开展了培育多蘖壮秧的研究，通过降低秧田播种量，辅以相应的肥水措施，充分利用秧田营养生长时间，育成带蘖壮秧，不仅秧苗素质好，而且秧龄弹性大，能有效解决早播与迟栽的矛盾，以蘖代苗，又可节省用种量。

二、保温育秧

20世纪50年代后期，开展了保温育秧的试验，保温育秧先是用油纸，以后改用塑料薄膜，随着种植制度的改革和塑料工业的发展，20世纪60年代中期，塑料薄膜保温育秧已在南方早稻地区和北方水稻产区示范推广，湖北省是1964年开始在早稻产区应用塑料薄膜育秧。

薄膜育秧较好地满足了水稻幼苗期对温度的需求，基本上消除了出苗前后的坏种与烂秧危害，同时提早播种期，充分利用光热资源，为获得高产早熟创造了条件。

20世纪70年代末期，我国从日本引进了地膜覆盖栽培技术，在湿润秧田厢面上推广地膜平铺覆盖育秧，既能保持普通薄膜育秧出苗早、成秧率高的优势，又因地膜厚度（0.014 mm）极薄，可显著降低生产成本。

三、两段育秧

20世纪70年代，长江流域稻区为大面积推广油（麦）—稻—稻三熟制，解决晚茬田后季晚稻的高产稳产难题，积极试验探索水稻两段育秧方法。

两段育秧的方法是先用普通育秧方法育成小苗，然后进行小株密植到秧田，经历一段时间，再将寄秧分散移栽于本田。主要优点是秧苗健壮，出穗开花安全，高产稳产，一般比普通育秧方法上增产10%左右；节省专用秧田，有利于扩大复种面积和提高土地利用率。缺点是用工量大。在当时粮食短缺，劳动力充足的条件下，各地因地制宜地推广采用。

四、工厂化育秧

工厂化育秧，是在温室育秧的基础上，借鉴日本经验，于20世纪70年

代中期发展起来的一种育秧方式，育秧方法是先在室内或薄膜大棚中人工加温出苗，出苗率和成苗率明显高于田间育秧，不用拔秧或铲秧，秧苗损失小，利用率高，较普通育秧可节省用种 30%以上。

五、塑料盘基质育秧

20 世纪 90 年代，在全国广泛开展塑料软盘基质育秧方法，塑料软盘上压制一定数量的圆孔，将草炭等有机质装入盘内，然后撒播稻种，再覆盖基质或细土。随着机插秧的发展，又研制出塑料软、硬平盘基质育秧，近年来，又推广塑料钵式毯状秧盘。

第二节　秧苗类型及壮秧指标

为适应不同茬口的需要，秧苗移栽的迟早不同，即移栽时的秧龄不同，可将秧苗分为小秧苗、中秧苗和大秧苗三种类型。

一、小秧苗

一般是指 3 叶期左右移栽的秧苗。多在密植与保温育秧方式下培育而成。因其细胞原生质浓度过高，抗寒力强，适于早移栽，栽后分蘖发生早、快、多，分蘖成穗率高。

健壮小秧苗，一般苗高在 8～12 cm，叶宽而挺立，叶色鲜绿，叶耳间距较短，茎基宽 2 mm 以上，中胚轴很少伸长，冠根 5～6 条，色白短粗，并生有分枝根，移栽适龄为 3 片叶。

二、中秧苗

一般指 3～5 叶期移栽的秧苗。在较大播种量下育成，抗寒能力不及小秧苗。

健壮中秧苗，一般苗高 10～15 cm，叶片宽厚挺立，叶色浓绿，叶耳间距短。根10余条，色白而粗，有2个左右分蘖。

三、大秧苗

一般指5～6.5叶期移栽的秧苗。多在一季稻和双季晚稻上广泛采用。

健壮的大苗基部组织坚实，短而粗壮，茎基宽4 mm以上，叶片刚劲富有弹性，叶身宽厚，叶耳距短而均匀，叶色绿中带黄，根系色白粗壮，多弯曲而有生机，不能有黑根现象，一般苗高15～25 cm，生长整齐，有2～3个分蘖。

第三节　水稻种子芽苗生长的环境条件

水稻育秧，从种子浸种、催芽到幼苗生长，需要适宜的水分、温度、氧气、光照和养分。

一、水分

（一）种子萌发与水分

水稻种子吸水后达到自身重量的15%（籼稻）～18%（粳稻）时，胚就开始萌动，但萌发进程缓慢，满足正常发芽所需的水量，一般为种子自重的25%（籼稻）～30%（粳稻），因品种和温度等条件有一定的差别。

种子的吸水快慢与温度的高低有极显著的关系，浸种初期的6～12 h内，种子处于急剧吸水的物理过程，此时温度对吸水速度的影响较小；而当种子进入缓慢吸水的生化过程时，提高温度能加速酶的活化和胚乳物质的水解过程，因而使吸水速度明显增快，种子露白时间也相应缩短，如温度低，便会延缓吸水的进程，推迟萌发。

在育秧过程中，为使种子迅速而整齐地萌发，要预先浸种。一般达到萌发要求的最适水分所需要的时间，水温30 ℃约需要30 h；水温20 ℃约需要60 h；水温15 ℃则需要100 h以上。粳稻吸水慢，浸种时间宜稍长，籼稻吸

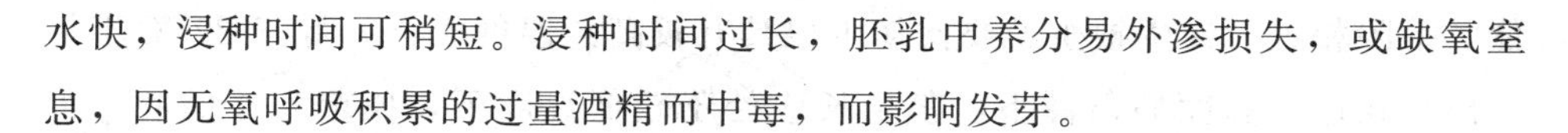

水快，浸种时间可稍短。浸种时间过长，胚乳中养分易外渗损失，或缺氧窒息，因无氧呼吸积累的过量酒精而中毒，而影响发芽。

（二）幼苗生长与水分

一般在湿润而不淹水的状态下，幼根先出，幼芽后出。这是水稻在长期自然选择过程中，为适应沼泽环境而形成的一种遗传特性。从生理上看，芽鞘随淹水而伸长的现象，是对环境缺氧的反应。

秧苗扎根立苗之后，在湿润条件下，种子根和不定根发生根毛、支根也较发达，潜在的发根原基多，且地上部伸长比较缓慢，叶鞘粗短，苗较坚实，干物质充实度高。

从播种至2叶期秧田一般应保持湿润状态，以协调水分与氧气的矛盾。3叶期后幼苗光合作用、蒸腾作用逐渐加强，生长所需营养物质几乎全部由自身光合作用制造和从土壤中吸取，体内通气组织逐步建立，呼吸强度逐渐下降，根系对缺氧的敏感性不如前期，这时秧田可以采取浅水灌溉，但仍不要采用深水层。

二、温度

（一）温度与种子萌发

种子萌发的最低温度，一般籼稻为12 ℃，粳稻为10 ℃。在低温条件下，酶的活性和呼吸强度均很弱，所能提供萌发的物质和能量不足，使萌发期长，发芽势弱，发芽率低，易受病菌感染，导致烂芽坏种。一般萌发的适宜温度为28～36 ℃，而生根和出芽的最适温度均比萌发低5 ℃。在各个品种的适宜温度界限内，随温度的增高其发芽速度加快，但当温度升高到40 ℃时，发芽呈现抑制，高到42 ℃时，粳稻停止生长，籼稻高到45 ℃时停止生长。

（二）温度与幼苗生长

水稻出苗及幼苗生长需要的最低温度粳稻为12 ℃，籼稻为14 ℃，但在15 ℃以下时，生长速度极为缓慢。

幼苗生长的适宜温度为25～35 ℃，超过35 ℃以上，生长受到抑制，达到40 ℃以上时，生长完全停止。秧苗根系生长的最适温度下限比地上部略

低，上限相近。次生根生长要比初生根具有较高的温度条件，低于22 ℃不易长出。在适宜温度的条件下，茎生长应处于较低温度下，秧苗生长健壮，干重大，组织充实度高，碳水化合物含量明显增多，氮素含量有所提高，对培育壮秧有利。

三、氧气

水稻种子萌发成苗的过程就是一个需氧的过程。从种子吸胀到破胸前，受谷壳、果皮和种皮的阻碍，外界氧气不易进入，胚芽萌动所需的能量，基本是靠本身的酒精发酵系统所进行的无氧呼吸来供应，呼吸基质主要是胚乳的贮藏物质。因此，这一过程可以在有氧和无氧的条件下进行。种子露白后，外界氧气可以通畅地进入种子内，转为有氧呼吸为主，呼吸量急剧增加。

在缺氧的条件下，水稻幼苗进行无氧呼吸，对物质转化的影响，表现为胚乳物质的转化效率低。缺氧还使胚乳中淀粉酶的活性受到抑制，影响淀粉的水解，盾片细胞中的可溶性养分少，不利于幼苗生长，减弱幼苗的抗性。因此，在育秧的技术上，采用湿润秧田以及秧苗3叶期前实行湿润灌溉等，以创造良好的通气条件，对培育壮秧具有十分重要的意义。

四、光照

种子在适宜水分、温度和氧气条件下，即使无光也可以顺利萌发，但自叶片生出以后，就必须有充足的光源，秧苗只有通过光合作用，才能制造和积累更多的营养物质，为各种生理活动和新器官的形成提供能量和原料。在完全无光的条件下，长出的是白化苗，中胚轴畸形伸长，苗体细软纤弱，当胚乳养分耗尽时，就会枯萎死亡。

一般在光线充足条件下生长的秧苗，发育进度快，叶绿素含量多，苗体粗壮坚实，而在弱光的条件下，叶色黄绿，苗高纤细，充实度低，根系活力下降，秧苗素质差，温室育秧和大田播种过密的条件下均较为常见。

不同波长的光，对秧苗生长有一定的影响，以150～180 μm的蓝光最有利于秧苗的生育。在蓝光下育成的秧苗，氮、磷、钾和叶绿素含量较高，过氧化氢酶活性较低，在秧苗高度、粗度和干物质数量等方面，都比红光或白

光为好。

五、营养条件

（一）矿质营养

（1）氮素营养　秧苗生长的整个过程都需要氮素营养。当茎基部含氮率在1%以上时，根原基才能正常分化，根的含氮率低于0.5%时，伸长就会受到阻碍；苗体含氮率高于2.5%时，新叶才能生长，超过3.5%时，分蘖才能旺盛发出。

稻种籽粒中的含氮率还不到1.7%，一般在幼苗长至1叶1心前后，已被大量利用，远不能满足培育壮秧的要求，必须依赖于外界的氮素供应。

（2）磷、钾元素营养　秧苗的磷、钾含量，是提高发根力和抗寒力的重要因素之一。秧田增施磷、钾肥，秧苗体内磷和钾元素的含量分别比不施肥的高55.7%和14.3%；根系中比对照分别增加17.3%和33.9%。

（二）土壤酸碱度

湖北省农业科学院在温室进行无土肥水育秧研究，试验证明在秧苗2叶期培养液中的pH保持在4～5，到3～4叶期，保持在5～6，最适幼苗生长。当溶液pH小于3时，会引起烂根，在高温条件下，还易发生青枯卷叶，严重时，甚至死亡。当pH大于6时，则秧苗易呈现黄化现象。江苏农业科学院在温室进行土盘育秧试验，同样表明了以土壤pH在4～6的范围内，最有利秧苗生长，尤以偏低的pH表现更好（表6-1）。相对较低的土壤pH，一方面可能适应于秧苗生理的需要；另一方面对改善生态环境和提高养分的有效性有一定的意义。床土酸化后，秧苗对氮的吸收有所增加，当pH从8降到4～5时，土壤中的速效磷增加一倍，水溶性钾略微增加。

表6-1　育秧床上pH对秧苗质量的影响

pH	出苗率/%	叶龄/片	苗高/cm	苗粗/mm	单苗干重/mg	充实度/(mg/cm)	胚乳养分消耗率/%
6	97.0	1.00	5.95	1.00	4.1	0.69	46.2
5	94.0	1.01	6.37	1.04	5.0	0.78	41.1
4	97.8	1.17	7.50	1.33	6.9	0.79	30.6

第四节 育秧技术

育秧是水稻生产过程中的重要环节，“秧好一半谷”已成为种田人的共识，如何育好秧，要根据不同育秧方式确定相应的栽培技术，这里着重以湿润育秧方式的播种期、播种量、秧田施肥和适宜秧龄等作以概述。

一、播种期与播种量

水稻播种期与气候条件、品种特性和耕作制度等密切相关。

（一）播种期的确定原则

播种期要从有利于种子发芽出苗，秧苗移栽后返青分蘖快，保证能安全孕穗和安全齐穗，根据气温条件、茬口、品种特性及育秧方式来确定。

1. 温度条件

（1）种子能够发芽　水稻种子发芽出苗的最低温度，籼稻为 12 ℃，粳稻为 10 ℃，在自然条件下，以平均温度稳定通过 10～12 ℃的初日温度作为早稻、早中稻及再生稻头季的早播界限期。保温育秧可适当提前 10 d 左右播种。

（2）秧苗能够生长　秧苗移栽后，日平均温度要达 15 ℃以上，才能返青分蘖，生长次生根系，插秧过早，温度低，返青慢，会发生僵苗，甚至死苗。

（3）能够正常孕穗　水稻孕穗期，对温度极为敏感，特别是花粉母细胞减数分裂期，如遇 20 ℃以下的气温，颖花会大量退化，空秕率增多。湖北省长江流域 5 月底以前往往出现 20 ℃以下的低温，称为“5 月寒”。因此，早稻不宜过早播种，以避过低温，使之安全孕穗。

（4）能够安全齐穗　水稻抽穗期适宜的气温条件是 25～28 ℃，中稻抽穗期要能避开 7 月中旬至 8 月上旬 35 ℃以上的高温；双季晚稻要避开抽穗期寒露风［连续 3 d 以上，日平均气温≤20 ℃（粳稻）、≤22 ℃（籼稻）、≤23 ℃（籼型杂交稻）］，湖北省中稻安全抽穗期在 8 月中旬，双季晚稻在 9 月 18 日前。

2. 耕作制度

水稻播种期要与当地的种植制度、茬口安排和品种类型相衔接。湖北省水稻主产区以（肥-稻-稻、油-稻、麦-稻）两熟制为主，种植双季稻的地区，早稻适宜播种期在3月下旬，成熟期在7月中旬；双季晚稻的播种期在6月20日左右，抽穗期在9月15日左右。中稻的播种期，迟熟品种在4月底，早熟中稻在5月上旬，可以确保前茬收获后，适期插秧，抽穗期又能避开高温时段，实现安全齐穗。

（二）播种量

播种量主要根据秧龄长短，育秧期间的气温高低、品种特性、种子质量和育秧方式来确定。在气候条件相同的情况下，秧龄长的、气温高的、品种分蘖强的、种子发芽率高的和千粒重小的，湿润育秧可适当少些，反之，则适当多些。

采用湿润育秧方式时，早稻常规稻品种一般为40～60 kg/亩，杂交稻20～25 kg/亩；中、晚稻常规稻品种一般为30～40 kg/亩，杂交稻10～12 kg/亩，采用旱育秧时，播种量可相应增加20%。

二、浸种催芽

（一）浸种

水稻种子有坚硬的外壳，需要将种子放在水里浸种一定时间，使种谷吸足水分，才能萌发。浸种时间，早稻一般浸种2～3 d，中稻2 d，二季晚稻1.5 d。陈种子宜采取多浸多起、少浸多露，减少无氧呼吸，促萌发，以提高发芽率。

（二）消毒

消毒可以杀灭种子所带的病菌，一般结合浸种进行。消毒常用的杀菌剂有咪鲜胺、多菌灵、浸种灵和强氯精等，将农药按比例兑水制成浸种液，放在塑料桶里，把吸足水分的种子（浸种24 h）捞起来滤干水，放入药液中进行浸泡消毒20 h左右，期间每8 h搅动一次，然后捞起用清水洗干净后进入催芽环节。

（三）催芽

为了提高种子的发芽势、发芽率、整齐度和秧田成苗率，一般都要进行催芽。催芽要快（2～3 d内催好芽）、齐（发芽率达90%以上）、匀（芽长整齐一致）、壮（芽白无异味，根芽长半粒谷）。机插秧流水线播种只要求破胸露白。催芽的方法很多，稻田面积小的农户，常用的是大堆催芽，稻田面积大的职业农民采用催芽机催芽。催芽过程可分为4个阶段。

（1）高温破胸阶段　指催芽至80%以上的种胚突破谷壳开始露出白色这一阶段，一般需要15～18 h，浸种后使谷堆温度尽快上升到35～38 ℃，方法是先将浸泡后的种谷在50～55 ℃热水中浸淘3～5 min，然后稍沥干，上堆密封保温，此时不宜淋水，避免无氧呼吸过盛，而导致谷壳起涎。杂交早稻种催芽时，谷堆温度控制在30～35 ℃为宜。

（2）适温催芽阶段　破胸后因种谷呼吸强度大，放出的热量多，故采用翻堆、淋水等措施，将谷堆温度控制在30～35 ℃，促进齐根，防止“高温烧芽”。

（3）保温催芽阶段　齐根后，降低谷堆温度和淋水，水温20 ℃左右为宜，使谷堆温度保持在25 ℃左右，促进幼芽生长。

（4）摊晾炼芽阶段　当根、芽长度接近发芽标准时，将芽谷在室内摊开炼芽半天以上待播种，若遇寒潮等不利天气，可进一步在室内摊晾并适当淋自来水，防止根、芽干枯，待天气转晴时，抢时播种。

三、播种育秧

（一）露地湿润育秧

这种育秧方式，主要在人工插秧的水稻生产区推广。

（1）整好田　秧田冬季种植绿肥或深翻冬炕，播种前适时耕整；一般先耕整，翻耕前每亩施商品有机肥100～200 kg、复合肥30 kg，翻耕后适墒旋耕碎垡，然后灌水泡田，再次旋耕整平，达到田平；播种前3 d按1.5 m开沟定厢，将沟泥捞起铺在厢面上，并将厢面耥平，达到“上糊下松、沟深厢平、肥足草净”的要求。

（2）播好种　芽谷称量到厢，均匀撒播，播后塌谷，也可用细肥土（或

菜园土或旱地土）覆盖。

（3）管好水 秧田水分管理，一般分为芽期、幼苗期和成苗期。

①芽期。从播种至第一片完全叶展开之前为芽期。此期秧苗耐高、低温的能力都较强，供氧好坏是影响扎根立苗的关键，采用“晴天满沟水、阴天半沟水、雨天排干水、烈日跑马水（边灌边排）”的灌溉技术，保持土壤湿润，只有在遇到霜冻、大风或暴雨等特殊天气时，灌水护芽，风雨过后立即排水露芽。连作晚稻播种时气温高，为防止秧厢晒白，晴热天可在傍晚灌跑马水，次日中午前，秧厢面水渗干，切忌厢面积水，造成高温烫芽。

②幼苗期。自1叶展开到3叶期。此期秧苗通气组织尚未完善，根系生长所需氧气主要从土壤中得到，应采取露田与浅灌相结合的管水方法。2叶期前以露田为主，2叶期以后以浅灌水为主，遇灾害性天气灌深水护苗，天气晴朗后逐步降低水层。

③成苗期。指3叶期到移栽。秧苗体内通气组织已发育健全，采用浅水勤灌，不宜断水，防止稻根下扎，拔秧困难。

（4）追好肥 秧苗3叶期，种谷胚乳养分基本耗尽，由异养转入自养，靠从土壤中吸收养料，要早施断奶肥。应在秧苗1叶1心时施用氮肥，在3叶期得肥效，为4叶期长茎、分蘖提供养分。一般施尿素3～5 kg/亩，秧田肥力高的可不施或迟施，秧田肥力较低的宜早施，秧龄较长的在4～5叶期可以施一次接力肥，移栽前再施一次起身“送嫁肥”，一般施尿素3～5 kg/亩。

（5）控好苗 中稻和二季晚稻，秧龄比较长，为防止茎叶旺长，宜在2叶1心期喷施多效唑，起到控茎促蘖作用，一般每亩秧田用150～200 g多效唑兑水50 kg均匀喷雾，切忌重喷。

（6）壮秧标准 秧龄30 d左右，叶龄6叶1心，苗高25～30 cm，假茎扁宽，叶挺色绿，单株带蘖2～3个，短白根多。

（二）塑料软盘旱育秧

塑料软盘旱育抛栽适宜种植面积小的一般农户应用，具有节省秧田、省水省工、栽插省力的优势。秧苗操作过程及技术如下。

（1）备足营养土 按计划在播种前1～2个月制备营养土，营养土以肥沃的菜园土或旱地土晾干整碎过筛，拌入腐熟的有机肥，每100 kg细土加入复合肥0.7 kg、敌克松10 g，充分混拌均匀，若营养土的pH高于7.0，还要加入适量的壮秧剂、硫黄粉等进行调节，配制好的营养土湿度达到手捏成团，落地即散，用塑料薄膜覆盖堆闷6～7 d。

(2) 整好秧床　一般秧床与大田的比例为1∶30，秧床宜选在背风向阳、地势平坦、排灌和运输方便的地方。秧床采取干耕干整，按1.6 m开沟定厢，厢面宽1.3 m，可横放两张秧盘，将厢面整平压实，浇透水分。

(3) 摆好秧盘　将秧床水排干后，在厢面上摆放秧盘，用木板轻压盘面，使盘底与厢面吻合而不能悬空。每亩大田需要秧盘数量，常规早稻50～55个，杂交早稻和常规中稻40个左右，杂交中稻35个左右。

(4) 精细播种　常规早稻每亩大田用5 kg，每个秧盘播种90～100 g，常规中稻每亩用种2.5～3 kg，每盘播种60～75 g，杂交早稻每亩用种2 kg左右，每盘播种50 g左右，杂交中稻每亩用种1.2 kg左右，每盘播种35 g左右。播种时，先用营养土将秧盘洞穴填满20%左右，然后将拌有旱育保姆的芽谷均匀撒播入洞穴内，再将营养土填满洞穴，并用木板将余土刮除，使土面与盘面相平，接着用喷壶喷水将盘内土喷湿，若有谷种露出，要补盖营养土，最后覆盖地膜，早稻育秧外加小拱棚，中晚稻育秧外加遮阳网。

(5) 苗床管理　软盘旱育秧苗床盖膜后，床面温度上升快，管理要精细。出苗前保持薄膜密封状态，以高温高湿促齐苗。齐苗后，随气温上升，逐渐扩大薄膜通风面积和延长通风时间，直至全揭膜。齐苗后至移栽前，当盘土发白时，要立即补充水分，但不能使盘土和床土湿度过大，更不要灌水淹厢面。若要控制秧苗生长，延长秧龄，可在秧苗1.5～3叶期内减少水分供应。秧苗叶色较淡时，要采取根外追肥，或用尿素兑水泼浇方法追肥。

(6) 壮秧标准　秧龄25 d左右，叶龄5叶1心，苗高20 cm左右，均匀整齐，假茎宽7～8 mm，平均单株带蘖2个左右，无病无虫害。

（三）机插秧育秧

水稻机械插秧省工、省时、省秧田，与人工手插秧相比，机插秧实现了宽行、浅栽、定穴、定苗栽插，具有返青快、分蘖早、有效穗多、抗逆性强和不易倒伏等特点。水稻插秧机不仅能减轻水稻移栽的劳动强度，节约生产成本，还能促进水稻增产，稻农增收。近年来随着水稻生产规模化、机械化

和标准化的快速发展，机械育插秧技术得到了广泛推广应用。育秧按载体分为双膜育秧和软（硬）盘育秧，可以工厂化集中育秧、房前屋后育秧或大田进行育秧，采取旱育秧、湿润育秧和无纺布育秧等方式。育秧技术要点如下。

（1）育秧准备 机插秧育秧需提前筹备种子、秧盘、壮秧剂、营养土和苗床等。一般每亩大田：早稻常规种需备种 4 kg 以上，早稻杂交种需备种 3 kg 左右，中稻杂交种需备种 2 kg,中稻常规种需备种 2.5～3 kg;早稻需秧盘 30 张，中稻需秧盘 25 张;壮秧剂 1 kg,过筛(孔径≤0.5 cm)营养土 125 kg,播种前一周按 100 kg 营养土拌 1 kg 壮秧剂的比例混拌均匀,覆膜堆焖,另 1/5 的营养土不拌壮秧剂留作盖土;按照 1∶(80～100)比例留足秧田,播种前适时旋耕整田,每亩秧田底施复合肥 35 kg,并按照 1.6 m 宽开沟整成秧厢,要求上虚下实,厢平沟直,有条件的可以在晒场上铺无纺布作苗床,每亩大田需净苗床 5～6 m^2。

（2）种子处理 品种宜选择当地的主推品种。按照秧龄 18～20 d 推算播期，播种前种子应晒种 2～3 个太阳日，切忌摊在水泥晒场上暴晒。适时浸种催芽，机械流水线播种种子破胸即可，人工撒播可待谷芽半粒谷长时播种。

（3）精细播种 播种前要准备好秧床，秧床或无纺布要浇足底水，人工播种工序为摆盘→装土（铺拌过壮秧剂的营养土，刮平填实，厚约 2 cm）→浇水（用敌磺钠 500 倍液作底水，浇透盘土）→播种→盖种（素土盖种不漏籽）→覆膜。要求秧盘与地面要铺平、铺实，秧盘与秧盘之间不能留有间隙，四周要填满土。全自动机械播种流水线可顺序完成装土→浇水→播种→盖种，然后人工摆盘、覆膜，若是采用硬盘，播后可以叠盘 10～12 层，集中堆放，覆盖吸水后的工程毯，保湿避光进行暗化处理，待 80%种子胚芽露锥后及时摆放到苗床，以求出苗整齐，成苗率高。播种量标准，常规早稻一般 100～120 g/盘，每亩 30 盘左右；杂交中稻 80～100 g/盘，每亩 25 盘左右。

（4）苗期管理

①保温保湿促齐苗。根据育秧方式和茬口的不同，采取相应的增温保湿措施，确保安全齐苗。一般 4 月中旬以前播种，2 叶期以前苗床应覆膜增温保湿，2 叶期以后视气温变化在移栽前适时揭膜通风炼苗，4 月底以后播种的中、晚稻秧床，在齐苗前应覆盖遮阳网降温保湿（立针现青后及时揭去）。

②科学浇水促发根。湿板育秧在出苗前保持半沟水，出苗后保持平沟水，切忌水漫过秧盘，晒场无纺布育秧采用滴灌带喷雾保湿，一般床土不发白或

秧苗中午不卷叶不浇水。

③看苗促控育壮秧。2叶期若秧苗叶色偏淡，可浇施稀粪水或0.2%的尿素水，施后喷淋清水洗苗，以防烧苗。中稻、晚稻育秧期，气温高，秧苗生长快，在秧苗2叶期可喷施15%多效唑可湿性粉剂500倍液，控上促下。移栽前3～4 d浇施水肥，喷施杀虫剂，让秧苗带肥带药下田。

(5) 壮秧标准　秧龄18～20 d，叶龄3叶1心，苗高12～20 cm，假茎粗壮、长4～5 cm，叶挺色绿，秧苗直立，密度均匀，茎秆有弹性，盘根如地毯，秧苗成块不散，无病虫危害。

第五节　大田秧苗分类

一、水稻分蘖期苗情分类

(一) 早稻分蘖期苗情

(1) 一类苗　大田插秧密度1.8万蔸/亩以上，插后8 d以内开始分蘖，插后20天每亩总苗数达40万以上，叶色浓绿，株叶形态呈“喇叭状”。

(2) 二类苗　大田插秧密度1.5万～1.8万蔸/亩，插后8～10 d开始分蘖，插后20 d每亩总苗数达30万～40万，叶色青绿，株叶形态成“平头状”。

(3) 三类苗　大田插秧密度1.5万蔸/亩以下，插后10 d以上开始分蘖，插后20 d每亩总苗数在30万以下，叶色淡绿，株叶形态似“一炷香”。

(二) 中稻分蘖期苗情

(1) 一类苗　大田插秧密度1.5万蔸/亩以上，插后5 d内返青分蘖，插后25 d每亩总苗数达30万以上，大田秧苗封行，叶色浓绿，株叶形态较松散呈“喇叭状”。

(2) 二类苗　大田插秧密度1.2万～1.5万蔸/亩，插后6～7 d开始分蘖，插后25 d每亩总苗数25万～30万，大田秧苗基本封行，叶色青绿，株

叶形态较紧束。

（3）三类苗　大田插秧密度 1.2 万蔸/亩以下，插秧 7 d 以后开始分蘖，插后 25 d 每亩总苗数 25 万以下，大田秧苗未分行，叶色淡绿。

（三）双季晚稻分蘖期苗情

（1）一类苗　大田插秧密度 2 万蔸/亩以上，插后 5 d 以内返青分蘖，插后 20 d 每亩总苗数达到 30 万以上，大田秧苗封行，叶色浓绿。

（2）二类苗　大田插秧密度 1.5 万～2 万蔸/亩，插后 5～7 d 返青分蘖，插后 20 d 每亩总苗数 25 万～30 万，大田秧苗基本封行，叶色青绿。

（3）三类苗　大田插秧密度 1.5 万蔸/亩以下，插后 7 d 以上返青分蘖，插后 20 d 每亩总苗数 25 万以下，大田未封行，叶色淡绿。

二、水稻孕穗期苗情分类

（一）早稻孕穗期苗情

（1）一类苗　叶色浓绿，分蘖成穗率高，上部 3 片功能叶面积大、挺健，成穗数 25 万～30 万/亩。

（2）二类苗　叶色青绿，上部 3 片功能叶面积较大、挺直，成穗数 20 万～25 万/亩。

（3）三类苗　叶色淡绿，上部 3 片功能叶挺，叶面积较小，成穗数 20 万/亩以下。

（二）中稻孕穗期苗情

（1）一类苗　叶色浓绿，分蘖成穗率高，上部 3 片功能叶挺健，叶面积大，杂交稻每亩成穗数 17 万以上。

（2）二类苗　叶色青绿，分蘖成穗率较高，上部 3 片功能叶挺直，叶面积较大，杂交稻每亩成穗 15 万～17 万。

（3）三类苗　叶色淡绿，上部 3 片功能叶挺，叶面积较小，杂交稻每亩成穗 15 万以下。

（三）晚稻孕穗期苗情

（1）一类苗　叶色浓绿，分蘖成穗率高，上部 3 片功能叶挺健，叶面积大，每亩成穗杂交稻 20 万以上，常规稻 25 万以上。

（2）二类苗　叶色青绿，分蘖成穗率较高，上部 3 片功能叶挺直，叶面积较大，每亩成穗杂交稻 17 万～20 万，常规稻 20 万～25 万。

（3）三类苗　叶色淡绿，分蘖成穗率较低，上部 3 片功能叶挺，叶面积较小，每亩成穗杂交稻 17 万以下，常规稻 20 万以下。

三、三种苗的中后期管理

（1）过头苗　田间叶片叶色浓绿、披散情况，每亩茎蘖数若超过 30 万苗以上，要及时排水晒田，重晒田块，促进稻苗叶色退淡，严格控制无效分蘖和多余叶片，穗肥应推迟到倒 2 叶期（幼穗分化第四期"粒粒现"）以后，并且以磷、钾肥为主，氮肥少施或不施，建议每亩追施普钙 10 kg、钾肥 5 kg。

（2）中等苗　分蘖盛期田间查苗每亩总茎蘖数粳稻 25 万苗左右，籼稻 20 万苗左右，叶片挺直不披，叶色淡绿色的为中等苗架，要通过及时撤水晒田控制无效分蘖，使成穗率提高到 80％以上。在幼穗分化第一期（倒 4 叶期）适时施用促花肥，在倒 1.5 叶期（雌雄分化始期）再补施保花肥。

（3）三类苗　田间叶色较淡、甚至出现发黄、分蘖明显不足的冷浸田和排水不好的深水田，首先开沟排水，轻晒后保持湿润，增施磷钾肥，促进根系发达，稻苗开始拔节（倒 5 叶至倒 4 叶）就重施保花肥，后期干湿交替管水，结合喷施农药根外喷施尿素、磷酸二氢钾等叶面肥，使三类苗变二类苗，促进大面积平衡增产。

思考题

1. 水稻主要育秧方式有哪些？
2. 水稻种子发芽需要哪些环境条件？
3. 水稻种子催芽有哪几个阶段？

第七章

稻田综合种养技术

稻田综合种养指通过对稻田实施工程化改造，构建稻渔共生轮作互助系统，加上规模开发、产业化经营、标准化生产与品牌化运作，能实现水稻稳产、水产品产量增加、经济效益提高与农药化肥施用量显著减少，是一种具有稳粮、促渔、提质、增效、生态与环保等多种功能的生态循环农业发展模式。从生态学上讲，是在稻田生态系统中引进鳖、虾、鳅或蟹为主导生物的稻渔共生生态系统。

稻田种养在我国具有两千多年的历史。随着农业科学技术的发展和农业生产实践的需求，稻田养鱼的形式和内涵不断演化发展，由稻田养鱼系统，逐渐发展到养殖多样化水生动物虾、蟹、鳖、鳅、螺、鸭或蛙等的稻田综合种养系统。尤其是2010年以来，稻田综合种养产业的发展得到国家政策、技术推广与科学研究等多方面的强有力支持，产业发展进入了一个崭新的阶段，产业发展呈现出跨领域交融、多学科协作与产业化凸显等特征，且发展势头迅猛稳健。

2011年，原农业部渔业局将发展稻田综合种养列入了《全国渔业发展第十二五规划（2011—2015年）》；2012—2013年，农业部科技教育司每年安排专项经费用于“稻田综合种养技术集成与示范推广”；由全国水产技术推广总站主持的“稻田综合种养技术集成与示范”，获2011—2013年度全国农牧渔业丰收奖一等奖；2015年“稻鱼共生”载入由8个部委联合发布的《全国农业可持续发展规划（2015—2030年）；2016—2018年连续3年中央一号文件和相关规划均明确表示支持发展稻田综合种养产业；2016年全国水产技术推广总站等联合有关单位发起在杭州成立了“中国稻渔综合种养产业技术创新战略联盟”，并内设专家委员会，成功打造了“政、产、学、研、推、用”六位一体的稻渔综合种养产业体系；2017年，农业部部署了国家级稻渔综合种养示范区创建工作；2017年9月全国农业技术推广服务中心在浙江杭州召开“全国稻田综合种养现场观摩交流会”，强调稻渔综合种养对稳粮增收的意义。先后有多项科研课题获得立项用于支持稻渔综合种养理论与技术的研究。在多家单位共同参与完成的理论和技术研究基础上，制定了中华人民共和国水产行业标准“稻渔综合种养技术规范第1部分通则”（SC/T 1135.1—2017），提出了稳定水稻产量的稻渔空间布局中沟坑所占面积比例的最高上限及实现环保零压力的水产目标产量高限。系列分项标准“稻—鱼（平原型、山区型、梯田型）”“稻—蟹（中华绒螯蟹）”“稻—虾（克氏原螯虾、青虾）”“稻—鳖”“稻—鳅”等，目前正按计划制定，为稻渔综合种养产业的可持续发展提供了科技支持。

稻田综合种养产业推动了农业绿色高质量发展，在推进农业科技进步、助力产业扶贫攻坚、保障农产品质量安全、建设健康中国和美丽中国，以及在融合推动国家“一带一路”倡议、加强对东盟国家稻渔系统的技术转移等方面发挥了重要作用，引发稻作界和水产养殖界等科技人员对稻渔共生产业发展现状、关键技术有效性、生产制约因素和产业发展瓶颈及未来趋势的高度关注与共鸣。

第一节　稻田综合种养的发展

一、稻田综合种养的历史传承与发展

一直以来，业界内外多以“稻田养鱼”来称呼“稻田综合种养”，或两个概念混用，其实两者的科学内涵颇有不同。我国的稻田养鱼历史悠久，是世界上最早开展稻田养鱼的国家。汉代时，在陕西和四川等地已普遍流行稻田养鱼，距今已有2 000多年历史。浙江永嘉、青田等县的稻田养鱼历史也可追

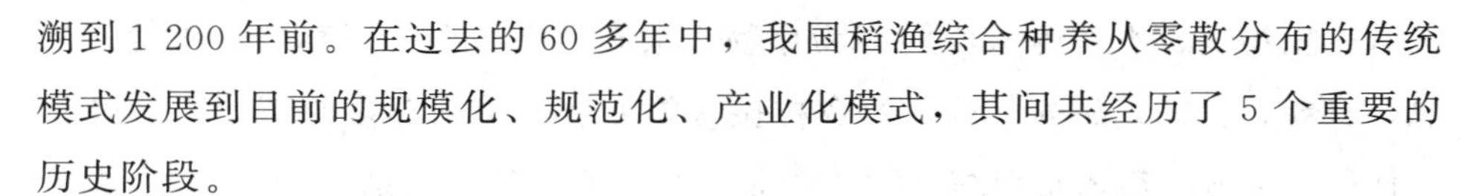

溯到1 200年前。在过去的60多年中，我国稻渔综合种养从零散分布的传统模式发展到目前的规模化、规范化、产业化模式，其间共经历了5个重要的历史阶段。

1.1949—1959年，第一个快速发展时期

稻鱼系统在1949年前主要零散分布于山区稻田。新中国成立后得到政府的重视而受到大力的推广，至1959年，稻田养鱼面积已达1 005万亩。该时期的稻鱼系统仍然采用传统的自给自足的生产管理方式，稻、鱼单产均处于较低的水平。

2.1960—1978年，走向低谷时期

该时期中国农业以粮为纲，其他副业受限。在生产条件和政策的双重影响下，农民对稻田养鱼的热情几乎消失殆尽。全国稻田养鱼面积骤降后维持在较小的规模。

3.20世纪70年代至90年代末，再次快速发展

实行家庭联产承包责任制，提高了农民稻田养鱼的积极性。优良水稻品种和较低毒性农药的推广使得恢复种养结合成为可能。这段时期的产业发展具有3个重要的特征：注重经济效益，以市场为导向，增加了水产品品种的多样性；加大科研力度，大幅提升了水产品单位面积产量；从西南、中南和华东地区向东北、华北和西北等高纬度地区推广。

4.2000—2010年，多领域跨学科合力攻关时期

探索“水稻栽培水产养殖、产品加工、销售服务”一体化的管理模式，初步形成规模化、规范化和集约化的稻渔综合种养体系。形成了许多新兴模式，如稻—虾、稻—鳖、稻—鳅和稻—蟹等的技术体系日益完善，增强了稻渔系统的市场竞争力。为了推进稻渔综合种养的发展，原农业部于2010年前后开始实施“稻田综合种养技术示范”项目，在全国范围内建立了多个稻渔综合种养典型模式的示范点。

5.2011年以后，全面创新发展新时期

中国及全世界的稻渔综合种养进入一个崭新的发展阶段。这一阶段的主要特征是产业实现了初步阶段的跨领域交融、多学科协作、产业化提升等特征，并形成一定规模的产业。由此前水产部门全力推进转入种植、资源生态食品安全、农经及农业文化旅游等部门共同参与。另外攻关的学科也由原来

的水生生物学、水产养殖学转变为作物、水产生态、资源、环境、机械、信息、农经、食品、品牌营销以及乡村振兴等专业。越来越多的新型农业经营主体和社会资本转入稻田综合种养产业，经营者的年龄逐渐以40岁左右为主体，经营者的学历以高中和大中专毕业生为主体，生产过程全程监控，农产品等级化销售、无人机管理等高科技不断引入，成为引领农业走向高科技阶段的勇敢尝试。从而加快稻田综合种养的快速发展，面积逐年扩大，种养水平、质量和效益提升（表7-1）。

表7-1　2019年全国稻田综合种养模式情况表

模式类型	种养面积/万亩	占比/%	产品产量/万t	占比/%
稻小龙虾	1 658.20	47.70	177.25	60.84
稻鲤鱼	1 439.41	41.41	85.69	29.41
稻蟹	206.50	5.94	6.35	2.18
稻鳅	67.44	1.94	9.44	3.24
稻鳖	24.68	0.71	2.59	0.89
稻蛙	22.24	0.64	2.77	0.95
稻螺	8.00	0.23	2.30	0.79
稻青虾	0.17	0.05	0.09	0.03
其他	54.23	1.56	4.08	1.40
合计	3 480.87		290.56	

二、稻田综合种养模式及分布

近20年来，初级阶段的集约化、规模化、规范化的稻渔综合种养在全国南北稻作区不断发展，逐步形成稻—鱼、稻—鳖、稻—虾、稻—蟹、稻—鳅、稻—螺、稻—鸭、稻—蛙等8大类和25种典型模式。2010—2020年，全国稻—渔综合种养稻田面积每年都稳定增长，2018年突破200万hm^2，渔产品产量突破230万t。

1. 稻—虾种养模式

稻—虾种养是水稻与小龙虾搭配，有共作和轮作等模式，主要分布在长江中下游平原地区。目前稻—虾养殖是我国应用面积最大、总产量最高的稻

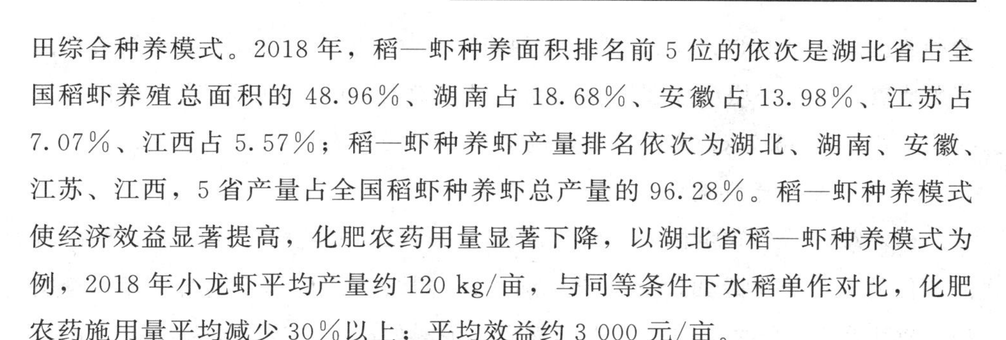

田综合种养模式。2018年，稻—虾种养面积排名前5位的依次是湖北省占全国稻虾养殖总面积的48.96%、湖南占18.68%、安徽占13.98%、江苏占7.07%、江西占5.57%；稻—虾种养虾产量排名依次为湖北、湖南、安徽、江苏、江西，5省产量占全国稻虾种养虾总产量的96.28%。稻—虾种养模式使经济效益显著提高，化肥农药用量显著下降，以湖北省稻—虾种养模式为例，2018年小龙虾平均产量约120 kg/亩，与同等条件下水稻单作对比，化肥农药施用量平均减少30%以上；平均效益约3 000元/亩。

2. 稻—鱼种养模式

该模式是我国山丘区梯田地带开展稻渔综合种养的主要应用模式，在全国大多数省份均有分布。2018年，稻—鱼种养面积排名前5的省份依次为四川、湖南、云南、贵州、广西，5省种养面积占全国稻—鱼种养总面积的80.65%；稻—鱼种养鱼产量排名依次为四川、湖南、云南、贵州、江西，5省产量占全国稻—鱼种养鱼总产量的93.21%。稻—鱼种养模式稳粮增收，以浙江省丽水地区为例，水稻以单季稻为主，部分还有再生稻，放养鱼的品种为瓯江彩鲤（田鱼），单季稻产量可达550 kg/亩、鱼112.5 kg/亩，净利润可达3 000元/亩以上。

3. 稻—鳖种养模式

据2018年的数据，稻—鳖种养面积排名前5位的省份依次是安徽、湖北、湖南、四川、浙江，5省种养面积占全国稻—鳖种养总面积的91.79%；稻—鳖种养中鳖的产量排名依次为安徽、湖北、四川、江西、内蒙古，5省产量占全国稻—鳖种养鳖总产量的96.58%。稻—鳖种养模式效益显著，以浙江省为例，其典型模式德清稻—鳖种养水稻产量550 kg/亩、商品鳖50 kg/亩以上，实现“一亩田、千斤稻、百斤鱼、万元钱”。

4. 稻—蟹种养模式

稻—蟹种养在温度相对冷凉的东北地区及宁夏黄河灌区发展较快，尤其是以辽宁省盘锦市为主要代表，形成了“水稻大垄双行、早放精养、种养结合、稻蟹双赢”的“盘山模式”，并辐射带动了我国北方地区稻—蟹种养新技术的发展。2018年，稻—蟹种养面积排名前5位的省份依次为辽宁、吉林、江苏、天津、黑龙江，5省种养面积占全国稻—蟹种养总面积的88.08%；蟹产量排名依次为辽宁、江苏、吉林、山东、天津，5省（市）产量占全国稻—

蟹种养蟹总产量的89.88%。稻—蟹种养模式效益显著，以辽宁省盘锦市稻田养殖成蟹为例，平均产成蟹20 kg/亩，净增效益600～800元/亩；稻田养蟹模式平均产蟹66.7 kg/亩，净增效益1 000元/亩左右。

5. 稻—鳅种养模式

稻—鳅种养模式全国各稻作区都有分布。2018年稻—鳅种养面积排名前5位的省份依次是四川、辽宁、湖北、吉林、云南，5省种养面积占全国稻—鳅种养总面积的85.57%；稻—鳅种养泥鳅的产量排名依次为四川、辽宁、云南、湖北、安徽，5省产量占全国稻—鳅种养模式泥鳅总产量的89.89%。稻—鳅种养模式经济效益和化肥农药减量效应均显著，以湖北省为例，2018年全省稻—鳅种养模式泥鳅平均产量110 kg/亩，与同等条件下水稻单作对比，单位面积化肥农药用量平均减少40%以上；平均效益约2 500元/亩。

6. 稻—螺种养模式

稻—螺模式在南方稻作区都有分布，近年来大面积形成稻—螺产业的主要分布在广西柳州、梧州和玉林一带。稻—螺产业的发展与当地名产“螺蛳粉”的发展有关。目前，广西每年稻—螺面积大约在6万亩，田螺产量700 kg/亩，增收7 500元/亩。

《2019中国稻渔综合种养产业发展报告》指出，稻渔综合种养产业通过探索，已因地制宜形成了稻—虾、稻—鱼（主要为鲤鱼、鲫鱼）、稻—蟹、稻—鳅、稻—鳖等一批区域特色明显、综合效益显著的主导种养模式。从五大主要种养模式实施的面积分布来看，稻虾面积约占全国稻渔综合种养总面积的一半（49.67%），其次为稻—鱼（42.10%），稻—蟹、稻—鳅、稻—鳖及其他模式的占比相对较小，分别为4.97%、1.57%、1.00%和0.69%。从水产品产量来看，稻—虾产量占全国稻渔综合种养总产量的62.31%，其余依次为稻—鱼 29.42%、稻—鳅 2.96%、稻—蟹 1.83%、稻—鳖 0.77%和其他2.71%。

三、现代稻田综合种养发展的趋势特征

与传统稻田养鱼相比，新兴发展起来的稻渔综合种养产业发展呈现如下特征。

1. 规模化

稻渔综合种养以农业企业、专业合作社、种粮大户与家庭农场等新型经营主体为主，打破了传统一家一户的分散经营，实现了规模化生产，初步解决了机械化难、品牌发展难与综合效益不高等问题，生产的规模效益显著提升。

2. 特种化

传统的稻田养鱼以田鲤鱼为主，近年来随着稻渔综合种养模式的不断创新，虾、蟹、鳖、泥鳅或黄鳝等名特优产品成为稻田养殖的主养品种。一批适应稻渔综合种养的水稻新品种也在筛选利用与开发中。

3. 产业化

传统的稻田养鱼只注重生产环节。近年来，稻渔综合种养采用了“种、养、加、销”一体化的现代管理模式。稻田中水稻和水生经济动物生产朝着绿色、有机方向不断发展，稻田产品的品牌效应提升，进一步提高了稻田综合种养的效益。

4. 规范化

随着稻田养鱼模式的创新以及规模化、产业化深入，一些新工程、工艺和技术等方面都取得了创新成果，田间工程和养殖技术正在逐渐规范化，各地制定了一大批地方标准或生产技术规范。

5. 品牌化

各地积极培育优质米和优质渔品牌，引导扶持经营主体打造了一批知名品牌，把稻渔综合种养的“绿色、生态、优质、安全”理念融合到产品设计和品牌包装与营销中，扩大了稻渔综合种养优质稻米和水产品的知名度，有效提升了产业品牌价值。

第二节　稻田综合种养的效应

水稻是我国的主要粮食作物，也是我国口粮消费的主体。但在种粮比较效益低下的现实面前，农民种粮积极性严重受挫。而大量调查研究表明，稻渔综合种养在稳定水稻产量、降低化肥农药用量和增加稻田产出方面具有显著的优势。

一、水稻产量

稻田中水产生物的引入，往往会对水稻生产空间有一定程度的挤占，这种水稻生长空间的减少在一定程度上影响了水稻的产量，这一直是人们特别关心的问题。多数人会直觉地认为，稻田里养了水产生物，占用了空间，推测会导致水稻减产。然而，目前大多数的研究发现，与单种水稻比较，稻渔种养田块中水稻产量不明显降低，甚至还有增加的趋向。谢坚等以稻—渔系统为例，进行了6年的定位观测和田间实验，当稻渔综合种养系统田鱼目标产量不高于100 kg/亩时，水稻仍能保持稳产；稻渔综合种养系统的水稻产量稳定性显著优于水稻单作区块，在病虫害暴发年份或者干旱年份，稻渔综合种养系统的水稻稳产性更好。

丁伟华对全国5种主要模式示范试验区进行产量测定发现，5种稻渔综合种养系统中的水稻平均产量与水稻单种平均产量无显著差异，而稻蟹模式、稻鳖模式的水稻产量水平甚至高于单种水稻的产量，表明适度合理的稻渔种养不会降低水稻的产量，而且稳定性更高。胡亮亮采取田间成对随机抽样调查和成对典型农户抽样调查相结合的方法，对全国13个省（市）稻渔综合种养5大模式进行田间测产发现，与水稻单作相比，除了“稻—鱼”和“稻—鳅”模式水稻产量与水稻单作差异不显著外，其他稻渔模式的水稻产量均有所增加，其中，“稻—鱼”模式水稻增产4.44％，“稻—虾”模式增产2.57％，“稻—蟹”模式增产6.27％。农户调查结果表明，稻渔模式水稻产量显著高于水稻单作。REN等对近20年来国际上发表的“稻—鱼”系统与水稻产量相关论文进行了整合分析，结果表明，与水稻单作系统比较，在不同情况下（如不同水产生物类型）稻渔综合种养系统对水稻产量均产生显著的正效应。

二、化肥农药减量效应

国内外大量研究表明，稻渔综合种养可显著减少农药和肥料的使用量，甚至完全不使用农药和化肥。对越南 120 个农户的调查表明，稻渔系统农药的使用比水稻单作系统降低 43.8%。通过野外调查和田间试验发现，在相同水稻产量下，与水稻单作相比，稻渔系统的农药使用量降低 68.00%、氮肥使用量减少 24.00%。胡亮亮对分布于中国稻作区的 5 大稻渔生态种养模式的研究表明，不同稻渔模式农药投入都低于水稻单作，其中，稻—鱼系统的农药使用量仅为单作稻田的 60.24%，稻—鳅系统仅为 65.58%、稻—虾系统仅为 65.98%、稻—蟹仅为 53.98%、稻—鳖仅为 54.46%；与水稻单作相比，稻渔种养系统也显著减少了化肥用量，其中稻—鱼减少了 30.85%、稻—鳅减少了 24.83%、稻—虾减少了 23.22%、稻—蟹减少了 23.93%、稻—鳖减少了 32.27%。

三、资源与环境效应

稻田养殖水生动物对环境的一些“闲置资源”（如藻类、浮游生物、杂草、昆虫等）的利用和转化，可提高稻田资源的利用效率。例如，稻—鱼、稻—蟹和稻—鳖系统中，鱼、鳖和蟹的食物来源分别有 50.17%、30.0% 和 34.83% 来自这些“闲置资源”。这些食物资源没有被同化的部分以铵离子的形式排泄处理，排泄物中的营养物质可以直接被水稻吸收，作为肥料被再次利用。

通过集合分析的方法，对稻渔综合种养系统水体氮磷浓度进行分析表明，稻渔综合种养田与水稻单作田的水体全氮、全磷、铵态氮和硝态氮浓度均没有显著差异；但一些田间试验表明，稻渔综合种养系统养殖密度的提高，会提高田间氮磷浓度和化学需氧量（COD）；有研究表明，东北三省稻田养殖中华绒螯蟹的农药残留水平在安全范围内。

四、经济产出效应

稻田内引入适合的水产养殖（如鱼、蟹、虾等），可显著增加稻田产品多样性，提高农民收入。丁伟华等对 5 种模式的生产成本总投入和投入结构的分析发现，稻渔综合种养系统的成本投入显著高于其相应的水稻单种系统的成本投入（其中，田间基础设施的建设、机械投入在总投入中占较大比重），但稻渔模式的经济产出均显著高于水稻单种系统，且产投比高，5种模式均能获得较高的净经济产出；不同模式之间，经济产出存在明显差异，稻—鳖模式高于其他模式。从成本投入的结构看，水稻单作系统的化肥和农药的费用显著高于稻渔种养系统，水稻单种系统化肥和农药的费用占总投入（包括土地流转租赁费用）的18.19%～24.96%，而稻渔系统中仅占3.71%～6.69%。

第三节　稻田综合种养的关键技术

与水稻单作系统不同，稻渔综合种养系统同时有水产动物和水稻两种甚至多种目标生物共存于同一个稻田空间，农田生物群落更加复杂化，生物群落管理（病虫草害控制）难度增大，常用的水稻高产栽培技术（如干干湿湿的水分管理以及病虫草害化学防控技术等）和水产养殖技术在稻渔共生系统中都无法直接沿用。稻渔共生系统中，田间淹水成了常态，而且一年中有较长时间处于淹水状态，土壤理化特征和养分状态与常规水稻栽培体系下的稻田相比，都有很大改变。为了使水稻栽培能适应有水生生物伴生的稻渔综合种养体系，保证水稻稳产并能保障水产生物的健康生长，协调两者对生长条件的需求成为技术挑战。但从水稻栽培而言，新的耕作制度管理和田间农事操作管理需要从适用水稻品种类型选择、景观布局、稻田沟坑空间布局、水稻栽插和机械配套技术等方面进行系列改革。目前在田间布局技术、水稻品种类型选择、水稻栽插和机械配套和协同种养技术等方面取得了较大进展。

一、田间沟坑布局模式

在稻渔共生体系中，常有作为水生生物临时避难所的稻田沟坑布局。这些沟坑的建设是否会因其压缩水稻种植空间而导致水稻产量下降？或者说，什么样的沟坑布局，才能对水稻产量不发生影响？这是许多水稻栽培工作者

担心的问题。为了分析沟坑面积比例对水稻产量和产值的影响，我们对分布于各个稻作区综合种养田块沟坑式样、布局和沟坑面积比例进行了分析。来自全国各地的大量样本分析表明，稻渔系统田间沟的式样主要有三种基本类型，即环形沟、条形沟和十字形沟。根据田块大小可形成环形沟或与十字形沟结合、或与条形沟结合、或多个十字形沟、或多个条形沟模式，坑的布局可以在田边或田中央等。研究还表明，只要沟坑面积占比不大于10%，水稻产量就不会下降，原因是沟坑新产生的边行所引发的边际效应可以弥补沟坑占地的损失。在上述研究的基础上，确立了稻渔综合种养的田间沟坑布局的基本原则：不破坏稻田的耕作层；稻田沟坑面积不得超过稻田总面积的10%；充分考虑机械化操作的要求。根据这些原则，目前已总结集成了一批适合不同地区的稻渔种养田间布局技术。

二、种养品种选择与搭配

稻田引进水产生物后，由于长期的淹灌，稻田系统将发生系列变化，如稻田生态系统的氧化还原状态及养分循环和稻鱼虫草病等稻田生物组分之间的相互作用，因而水稻栽培过程的品种选择、育秧、栽插、水分和养分管理也将发生较大的改变。在品种选择上要从以下几个方面进行考虑：①食味品质和外观品质及稳产性能优先。稻渔综合种养系统的稻谷产品宜走优质化、商品化道路，所以食味品质和外观品质必须得到优先保证以提高市场竞争力。为了克服长期淹灌对水稻群体增长（茎蘖增长）的不利制约，品种穗型上偏向建议大穗型类型。②选用抗倒伏品种并掌握养殖动物放养时机。由于稻渔共生田块淹水时间长，加上鱼类在田间的活动，容易引起水稻倒伏。因此，要求在养殖水产田块栽植的水稻品种要茎秆粗壮，抗倒伏能力强。对于爬踏能力强的甲鱼养殖田块，需要待水稻形成较健壮的群体后才能放养甲鱼。③选择耐肥品种。实行养殖的稻田，由于饲料的投入和水产生物排泄物的排放，稻田养分含量较高，水稻容易贪青晚熟，甚至倒伏，因而宜选择耐肥品种。④选用抗病害品种。抗病害水稻品种，可以不用或少用农药，减轻对鱼类的危害。总之，水稻品种的选择须遵守“因地制宜”的原则，根据耕作制度、农时季节和养殖类型综合判断选用。

根据当地稻作方式气候条件、水文条件以及套养水产动物的特性，各地筛选了一批适宜当地稻田综合种养的优良水稻品种。湖北地区适宜推广福稻99、鄂香2号、泰优398、福稻88、福稻299、粤农丝苗、鄂丰丝苗、虾稻1号、徽两优898和隆两优534等，浙江北部平原地区稻虾模式的水稻品种可选用南粳46、南粳5055、嘉禾218、嘉优中科3号和嘉58等；适合金衢盆地稻渔模式的水稻品种有嘉丰优2号、甬优9号、甬优15、甬优1540和甬优7850等；适合浙南稻鳖模式的水稻品种有中浙优8号和甬优15，而对于浙南稻渔系统，比较适合的水稻品种有籼粳杂交稻类型的甬优550、甬优7850和甬优8050，以及籼型杂交稻嘉丰优2号等。

与池塘及其他水体的养殖环境不同，稻田具有水位浅，水温和溶氧状况变化较大的特点，因而稻渔综合种养系统水产动物种类选择可从以下几个方面考虑：①选择中下层栖息性、形体较小的品种或者以养殖较大型鱼类的一龄鱼为主。②选择能够适应较大温度变化和能较好适应低溶氧环境的品种。③选择生长周期短、生长速度快的品种。④食性以草食性、杂食性的水产动物为主。⑤经济价值高、产业化发展前景好的品种，如鳖、小龙虾、河蟹、泥鳅、田螺等。

三、水稻栽插和机械配套

为了确保水稻种植密度和水产动物的正常活动，水稻的栽插方式也需要发生一系列变化。在保证稻田单位面积栽插穴数不减的前提下，对水稻栽插方式进行了改进。如北方地区主要通过“宽窄行、边际加密”的水稻插秧方式，保证水稻穴数不减；在南方地区，部分地区采用了“宽窄行、边际加密”“合理密植、环沟加密”等水稻插秧方式，使得原来的株行距（13 cm×30 cm）变成了13 cm×（20 cm/40 cm），保证了水稻穴数不减。还有部分地区，通过茬口衔接技术，成功利用了冬闲田或水稻种植的空闲期开展水产养殖，不影响水稻生产。此外，水稻栽培虽有育秧移栽、抛秧及直播3种方式，且近年来由于劳动力等原因使得抛秧和直播方式十分盛行，但稻—鱼共生系统则建议采用移栽方式，以实现有目的地构建比较适合水生生物活动的空间，因为抛秧和直播方式的水稻扎根较浅，容易因鱼的活动而浮苗，从而影响群

体基本苗数；水稻群体内个体排列杂乱，不利于鱼类在稻丛中游动；稻株没有规律排向，不利于群体内通风透光等。

因为水稻栽插方式的改变，农业栽插机械也需要随之进行一系列的适应性改变。目前研究人员正结合各地机械化发展的要求，对配套农机具进行相应的改造，应用了一批同步旋耕、起垄、开沟、播种和覆土装置的农机具。如辽宁省改良了水稻秧盘和插秧机，使之能够调节插秧的行间距，满足“大垄双行”的标准，很好地适应“大垄双行”的模式；浙北平原德清县的稻—鳖共作和桐乡宏望公司等的稻—虾轮作达到了水稻栽插、收获和水产投饵的机械化操作。

四、种养协同管理技术

稻渔综合种养是两类生态习性很有不同的生物生活在同一块稻田里，如何协调好种、养关系，处理稻、鱼（水生生物）、虫、草、病等生物之间的关系，以及这些生物与所处的土壤、水分及大气的关系尤为关键，也是稻渔共生技术体系的最大难点。以往在水稻单作情况下探索形成的比较成熟的水稻栽培技术体系在稻渔共生体系中不再适用，浅水分蘖、间歇灌溉、干干湿湿的稻田水分管理模式，以及病虫草害的管理模式、养分管理模式和收获模式等，都必须发生相应的改进。目前，科技人员从种养密度比例、肥料氮投入比例、饲料氮投入比例和水分管理等做了探讨。

（一）种养协同密度

以稻—鱼（田鲤鱼）综合种养为例，在水稻产量为400～450 kg/亩模式下，田鲤鱼目标产量50～150 kg/亩可产生共生效应，在田鲤鱼产量为50 kg/亩或小于这个产量水平的模式下，水稻移栽密度25 cm×25 cm为宜；在田鲤鱼产量为100～150 kg/亩的模式下，则水稻移栽密度需扩大到30 cm×30 cm，才能利于田鲤鱼的生长，水稻产量也不会显著下降。

（二）氮素协同管理

与水稻单作系统不同，稻渔综合种养系统同时有肥料氮和饲料氮输入稻田，而且稻—鱼共生系统中，鱼通过摄食饵料及田间杂草等其他生物，加快了系统中的氮素循环，将更多氮素固定在系统中，并通过饲料残渣和粪便排泄等方式使氮素以水稻更容易吸收利用的形态输入土壤中。因此，稻—鱼共生系统如何合理使用肥料氮和饲料氮对提高氮素利用效率、减少肥料氮输入和降低污染很重要。以稻—鱼（田鲤鱼）综合种养为例，稻—鱼共生系统在总氮素投入均为 8 kg/亩的设计下，随着饲料氮比例的升高，水稻产量不变，但鱼产量增加，由于未被利用的饲料氮在土壤中可逐渐被水稻吸收利用，水稻的氮肥用量只需要总施氮量的 37%，而且停留在水体和土壤中的饲料氮大大减少（与鱼的单养处理相比），当饲料氮和肥料氮的比重分别为 63%和 37%时，系统能很好地维持系统氮平衡和稻—鱼产量。

（三）水分协同管理

稻渔综合种养系统中，水稻和水产生物对水分的需求存在一定差异。对于水产生物而言，自然是水层越深越有活动空间，对个体成长更有益处；但对于水稻的水分管理来说却不是越多越好、越深越好。以稻—鱼（田鲤鱼）综合种养为例，田间试验结果表明，稻田水深在 15～20 cm 范围内，水深对水稻分蘖、生长和田鲤鱼活动均无显著影响。因此，可根据水稻不同生长阶段的特点，适时调节水位。在水稻生长初期，分蘖过程需要浅水，而这时鱼苗个体也小，可以浅灌；水稻孕穗需要大量水分，田水逐渐加深到 15～20 cm，这时鱼逐渐长大，游动强度加大，食量增加，加深水位也有利鱼的生长；后期水稻抽穗灌浆，乳熟期需要足够水分，而蜡熟期及以后则需要湿润甚至排干，所以水分管理可以慢慢降低淹水层，同时让鱼儿逐渐集中到鱼沟、鱼凼中。另外，对于采用沟坑模式的田块，可以在水稻分蘖后期进行晒田，以促进水稻根系生长和茎秆粗壮。晒田时要慢慢放水，使鱼有充分时间游进鱼沟、鱼坑。此期间还要注意观察鱼情，及时向沟坑内加注新水，并在晒田后及时复水。

当然，协同种养技术还包括生物多样性管理、病虫草害控制、蓄留再生稻以延长稻鱼共生期、鱼苗规格、投放鱼苗技巧、区域适合性评估和田间生物资源互补利用等，目前已经研发出较为完整和成熟的稻—鱼共生技术体系。

第四节　稻田综合种养出现的认识差异

一、水稻产量降低

稻田中水产生物的引入是否会导致水稻产量下降，一直是人们尤其是稻作学家最关心的问题。胡亮亮等采取田间成对随机抽样调查的方法，对全国13个省（市）稻田生态种养5大模式的水稻产量进行测定分析，在调查获得的309组配对样本中，在不同模式中均发现有一定比例的样本，出现了稻渔综合种养系统水稻产量低于水稻单作的情况，这个稻渔模式低于水稻单作模式的样本比例分别为：稻—鲤模式15%、稻—蟹模式29%、稻—虾模式36%、稻—鳅模式27%和稻—鳖模式27%，而传统稻鱼系统模式仅有约2%的样本表现减产，减产比例均不占多数。将每个模式的样本分为水稻不减产和水稻减产两组进行对比分析，发现不同模式下水稻减产组的水产动物产量和沟坑面积比例均显著大于水稻不减产组，表明水产动物养殖密度过大和沟坑占比过大均会影响水稻产量。进一步分析表明，各稻渔综合种养模式的水稻增产率均随着水产产量的增加而呈现先增加后降低的变化趋势，即对于稳定水稻产量而言，每一种模式均有最大水产产量理论阈值（kg/亩），分别为稻—鲤140、稻—蟹44、稻—虾112、稻—鳅105、稻—鳖241。可见，稻渔种养系统中合理的养殖密度和10%左右的沟坑占比这两个技术参数极为重要，越过这个阈值将对水稻产量带来负面影响。所以，这两个阈值被明确写入了稻渔综合种养的国家行业标准。

二、稻田土壤肥力与质量

稻渔种养结合稻田的土壤与水稻单作稻田的土壤相比，其肥力特性如何变化？肥力水平是不断增加还是不断降低？土壤肥力状况是否可以支持水稻系统的可持续生产？这些都是目前稻田复合种养研究领域关注的问题，也已被纳入国家“十三五”重大专项研究内容。研究发现，稻渔综合种养系统中，土壤有机质及各营养元素含量也有不同程度的提升。GUO等在农场尺度上，通过成对取样的方法（稻渔共作VS水稻单作），分析了全国稻作区4类主要稻渔系统（稻—鱼、稻—蟹、稻—虾、稻—鳖）与相应水稻单作系统的土壤碳氮磷的含量，发现与水稻单作系统相比，稻渔种养系统中有21.43%的土壤样本有机质含量下降，78.57%的土壤样本有机质含量维持不变或提高；稻渔种养系统中有85.71%的土壤样本氮素含量维持不变或提高（水稻单作和稻渔共作的土壤氮素含量平均分别为1.74 g/kg和2.01 g/kg），只有14.29%的土壤样本氮素含量下降。稻渔种养系统中有80.36%的土壤样本磷素含量维持不变或提高，19.64%的土壤样本磷素含量下降。研究表明，长期“稻—虾”轮作有助于改善低湖田耕层土壤结构、增强土壤缓冲能力和提高土壤养分含量；而“稻—虾”共作模式可提高涝渍稻田土壤微生物的活性以及群落功能多样性。从持续生产来说，肥力下降和肥力不断提高都不是土地经营者所期望的结果。研究发现，稻渔综合种养中的土壤肥力可能出现两方面的问题，一是水产动物养殖密度过大，饲料投入增多，可能导致稻田氮磷富营养化；而长期淹水的操作，如“稻一小龙虾”模式，则可能导致土壤还原性物质积累、潜育化程度加重。所以，平原地区稻渔系统配合修建一定的沟坑，反而能起到抬垄消潜的效果，而稻渔结合则能实现氮素的互补利用，大幅度提高氮素利用率，降低氮素面源污染的风险。

三、面源污染环境风险

稻渔综合种养中，为了提高养殖水产动物产量，需要一定饲料的投入，但投喂的饵料不可能全部被动物取食干净，同时，水产动物也会不断排出粪便，所以稻渔综合种养尤其是养殖密度提高后是否会带来面源污染，也是人们关心的问题。稻田水体氮素磷素丰乏和化学需氧量（COD）高低可反映水体环境状况。近年来，国内外学者对稻渔综合系统中稻田水体碳氮磷和化学需氧量（COD）开展了一系列研究。OEHME等研究发现，稻—鱼系统中水体的NH_4^+和NO_3^+的含量均高于水稻单种系统，稻—鱼系统中投饵越多，田面水养分含量越高。王昂研究发现，稻—蟹综合种养模式中，水体硝酸盐和

磷酸盐含量都显著高于水稻单作系统。黄毅斌等利用^{15}N示踪研究表明，鱼排泄物有17%～29%被水稻吸收，降低了氨素在水体的停留。丁伟华等的研究表明，在稻—鱼系统中，当鱼目标产量增至200 kg/亩时，水体总磷和氨态氮含量显著提高，面源污染风险增加；但鱼目标产量为150 kg/亩时，经济效益和环境效益都较佳，并且不会造成明显的水体污染物增加。可见，合理的稻—鱼系统,能够解决淡水养殖导致的一些问题，原本由水产养殖流失的养分被水稻吸收利用，从而减少了资源的浪费和水体污染。胡亮亮通过集合分析研究了稻—鱼种养系统对稻—鱼综合种养系统水体氮磷的影响，总体结果表明，稻—鱼系统对稻田水体养分中的全氮、全磷、铵态氮和硝态氮均没有显著影响。吴雪研究发现，与水稻单作相比，传统稻—鱼系统低密度养殖，水体中的总氮、总磷含量和COD无显著性差异，但在随着养鱼密度的增加，水体总氮含量、总磷含量和COD均有增加的趋势。可见，稻渔综合种养的过程，控制养殖密度是降低环境风险的关键。

四、区域性发展模式

虽然具有良好灌溉和水源条件的稻田均可发展稻渔综合种养，但不同水产生物对温度、土壤、水质、稻田状态要求有所不同。此外，不同稻作区发展稻渔综合种养模式，常常受到当地社会条件（经济水平、市场、消费习惯）的影响。因此，一个区域内是否适合发展稻渔综合种养，应充分考虑当地的自然和社会条件。以稻渔模式为例，南方10省（市、区）湖南、四川、浙江、福建、江西、贵州、云南、重庆、广东和广西区域内的稻田，如果从水、热、土壤等自然资源条件来考虑，50%以上的稻田均适宜发展稻渔模式，但综合自然和社会经济条件，适宜发展稻渔模式的程度可划分为4个推广优先等级，1类的有5 385万亩，2类的有3 075万亩，3类的有4 410万亩，4类的有5 355万亩，其中湖南、四川、江西和浙江4省的稻田50%以上属于1类和2类等级，而在云南和贵州基本上所有的稻田都属于3类和4类等级。与稻渔模式类似，其他模式的区城性研究也需要做深入分析，才能确定其区城性分布。

此外，稻渔综合种养模式还需考虑水产动物特点和稻田的具体分布。例如，由于小龙虾具有打洞习性，有导致水土流失的生态风险，尤其值得警惕，不适合有梯度落差的山丘梯田稻作区推广。

第五节 稻田综合种养技术

一、稻—鱼共作

（一）养鱼稻田的准备

按《稻田养鱼技术规范》（SC/T 1009—2006）的规定，开挖鱼沟、鱼凼。养鱼稻田的鱼凼（溜）的数量视稻田的面积大小确定，位置紧靠进水口的田角处或中间，形状呈长方形、圆形或三角形。溜的四壁用条石、砖或其他硬质材料和水泥护坡，位置相对固定。溜埂高出稻田平面 20～30 cm，培育鱼种的鱼溜面积占稻田面积的 5%～8%，深度为 80～100 cm；饲养食用鱼的鱼溜面积占稻田面积的 10%，深度为 100～150 cm。鱼沟的主沟位于稻田中央，宽 30～60 cm，深 30～40 cm；稻田面积 3 000 m^2 以下的呈“十”字形或“井”字形，面积 3 000 m^2 以上呈“井”字形或“目”“井”字形。围沟开在稻田四周，距离田埂 50～100 cm，宽 100～200 cm，深 70～80 cm。要沟沟相通，沟溜相通。垄沟在插秧 3～4 d 后，根据稻田类型、土壤、作物茬口、水稻品种和鱼种放养规格的不同要求开好垄沟，一般垄宽 50～100 cm，垄沟宽 70～80 cm，垄沟深 25～30 cm，开挖围沟、垄沟的表层泥土用来加高垄面，底层泥土用来加固田埂。

进水口和排水口设在稻田相对两角田埂上，用砖、石砌成或埋设涵管，宽度因田块大小而定，一般为 40～60 cm，在排水口一端田埂上开设 1～3 个溢洪口，以利控制水位，并设置拦鱼栅。放鱼前应修补、加固、夯实田埂，不渗水、不漏水，丘陵地区的田埂应高出稻田平面 40～50 cm，平原地区的田埂应高出稻田平面 50～60 cm，冬闲水田和湖区低洼稻田应高出稻田平面 80 cm 以上。田埂截面呈梯形，埂底宽 80～100 cm，顶部宽 40～60 cm。要求

水源充足，排灌方便，干不涸、雨不涝，水质符合 GB 11607 的规定。

（二）鱼苗鱼种投放

（1）放养品种　以草鱼、鲤、罗非鱼、鲫、革胡子鲇、黄鳝、泥鳅等草食性及杂食性鱼类为主，鲢、鳙等滤食性鱼类为辅。

（2）放养密度　培育鱼种的双季稻田 2 000～3 000 尾/亩鱼苗；培育大规格鱼种的中稻或一季晚稻田，放养 3.3～5 cm 的鱼苗 1 000～1 300 尾/亩，若起垄开沟稻田可投放 1 500～2 000 尾/亩；饲养食用鱼的一季稻冬闲田或湖区低洼田放养 3.3～5 cm 的鱼苗，北方 50～100 尾/亩，南方 300～500 尾/亩，起垄开沟稻田可投放 500～800 尾/亩。

（3）放养时间与规格　育秧田和早稻田培育鱼种的，育秧田撒稻种，早稻田插秧、开沟、装好鱼栅后，即可放鱼苗。中、晚稻田培育大规格鱼种，秧苗返青即可放养 3.3～5.0 cm 的鱼种，放养时鱼种用 3%食盐水浸泡 5～10 min。稻田饲养食用鱼，冬闲田和湖区低洼田的中、晚稻田待秧苗返青后放养 10～30 g 的草鱼、鲤等鱼种。放养时鱼种用 3%食盐水浸泡 5～10 min，在收割稻穗后灌水，及时补放鲢、鳙及其他鱼种。

（三）水的管理

在水稻生长期间，稻田水深应保持在 5～10 cm；随水稻长高，鱼体长大，可加深至 15 cm；收割稻穗后田水保持水质清新，水深在 50 cm 以上。

（四）防逃

平时经常检查拦鱼栅、田埂有无漏洞，暴雨期间加强巡察，及时排洪、清除杂物。

（五）投饲

日投饵量按鱼总体重的 2%～4%投喂配合饲料，按草食性鱼类总体重的 15%～40%投喂青饲料。实行定点投喂，选在相对固定鱼溜或鱼沟内，每天上、下午各投喂一次。对不投饵的稻田养鱼，鱼类则直接利用稻田中天然饵料。

（六）注意事项

施肥不得直接撒在鱼沟、鱼溜内。稻种宜选用抗病、防虫品种，减少农药使用。防治水稻病虫害，应选用高效、低毒、低残留农药。主要产品有扑虱灵、稻瘟灵、叶枯灵、多菌灵、井冈霉素等。水稻施药前，先疏通鱼沟、鱼溜，加深田水至 10 cm 以上，粉剂趁早晨稻禾有露水时用喷粉器喷撒，水剂宜在晴天露水干后用喷雾器喷雾，应把药喷洒在稻禾上。施药时间应掌握在阴天或下午 5 时后。稻谷将熟或晒割谷前，当鱼长到商品规格时，就可以排水捕鱼，冬闲水田和低洼田养的食用鱼或大规格鱼种可养至第二年插秧前捕鱼。捕鱼前应疏通鱼沟、鱼溜，缓慢排水，使鱼集中在鱼沟、鱼溜内便于捕捞。

二、稻—鳖共作

（一）稻鳖池改造

每口池面积在 10 亩以上，池底泥土保持稻田原样，只平整不挖深。四周挖深 30 cm，浇灌混凝土防漏防逃。上面采用砖砌水泥封面，地面墙高 1.2 m，能保持水位 1 m。进排水渠分设，进水渠在砖砌塘埂上做三面光渠道，排水口由 PVC 弯管控制水位，排灌方便。

（二）稻田改造

以不破坏耕作层为前提，在稻田四周加固、夯实田埂，田埂截面近直角，并在内侧用水泥浇筑，或四围修筑堤埂，不渗水、不漏水。田埂或堤埂高度以 0.8～1 m 为宜，方便蓄水；顶面宽 40～60 cm。防止各稻田的养殖鳖相互间爬行混杂，影响科学饲养。若条件许可，进排水水渠设在堤埂中间，并在稻田相邻田埂上留有进排水口，方便排灌。进水口用 60 目的聚乙烯网布包扎；排水口处平坦且略低于田块其他部位，设一拦水阀门方便排水，并设聚乙烯网拦住防逃。沟坑的开挖，养鳖稻田的沟坑的数量视稻田的面积大小确定，位置紧靠进水口的田角处或中间，形状呈长方形，面积控制在稻田总面积的 10%之内，深度 50～70 cm。四周可用条石、砖或水泥护坡，沟坑埂高出稻田平面 40～50 cm。

（三）水稻栽培

一般选用单季稻为好。中华鳖养殖过的田块较肥，水稻品种选择以水稻

生育期偏早、耐肥抗倒性高、抗病虫害能力强、高产稳产的早熟晚粳稻品种为宜，尤其是生产高档品质米且栽培上要求增施有机肥和钾肥的水稻品种为好。移栽时应选择分蘖数多、比较壮实的秧苗，适时早栽；适宜插秧时间为 4 月底至 5 月中旬，10 月底水稻收割，能实现有效避虫。

（四）茬口安排

中华鳖放养时间可以选择水稻种植之前或之后。如水稻—鳖种养模式一般在 5 月初先种早晚粳稻，宜手工插秧。5 月中下旬放养亲鳖。先鳖后稻模式一般是于 4 月上旬在鳖池（为防止鳖毁坏秧苗，预先将中华鳖圈养在坑内过冬）中种植水稻，插秧株数为 2 株；先稻后鳖模式一般在 5 月底至 6 月上旬种植水稻，插秧株数为 2～3 株；7 月中上旬放养从温室转移出来的鳖；水稻—稚鳖培育种养模式一般在 6 月下旬种植水稻，7 月下旬放养当年培育的稚鳖。在水稻收割后至 11 月底不再投饲，准备冬眠。

（五）生态鳖的养殖

一般水稻—亲鳖种养模式每亩放养数在 200 只左右，放养规格每只为 0.4～0.5 kg；水稻—鳖种养模式每亩放养数在 600 只左右，放养规格每只为 0.2～0.4 kg；水稻—稚鳖培育种养模式放养当年孵化的幼鳖数可提高到 1 万只/亩。主要管理措施有：一是清塘消毒。每亩用生石灰 150 kg，干法清塘，清塘后表层土用拖拉机翻耕 1 次，暴晒消毒。二是科学投饲。日投饵 1 次，能节省饲料和减少病害发生。在饲料中添加新鲜鱼，提高商品鳖的品质。三是水质管理。采用冬季进水，在处理池中进行过滤消毒。平时少换水或不换水，防止病害传染和减少养殖污染。常年保持水位稳定，为鳖创造安定的环境。四是日常管理。坚持每天早晚巡塘 2 次，发现异常及时处理。勤记养殖日志，做好记录。

（六）注意事项

（1）鳖病防治　采用“预防为主，防治结合”的原则。鳖放养前要用 15～20 mg/L 的高锰酸钾溶液浸浴 15～20 min，或用 1.5%浓度食盐水浸浴 10 min。稚鳖放养时要注意茬口衔接技术，温差不宜过大，否则易患病。将经消毒处理的稚鳖连盆移至田水中，缓缓将盆倾斜，让鳖自行爬出，避免鳖体受伤。

（2）水稻病害防治　贯彻“预防为主，综合防治”的植保方针，选用抗逆性强的品种，实施健身栽培、选择合理茬口、轮作倒茬、灾情期提升水位等措施，做好防病工作。

（3）防敌害　及时清除水蛇和水老鼠等敌害生物，驱赶鸟类。如果有条件，设置防天敌网和诱虫灯。

三、稻—虾共作

（一）稻田改造

选择地势低、保水性好的稻田，面积以 2～3 hm^2 一个单元为宜。稻田开挖虾沟，可采用环形或“U”形环沟；沿稻田田埂内缘向稻田内 1～2 m 处开挖虾沟，沟宽 3～4 m，沟深 1～1.5 m，用挖沟的土加高加宽外埂，一般高于田面 1～1.5 m，顶部宽 2～3 m，压实防坍塌；虾沟与稻田边筑起宽 40～50 cm、高 20～30 cm 的内埂；稻田面积达到 50 亩以上的，还要在田中间开挖“一”字形或“十”字形田间沟，沟宽 1～2 m，沟深 0.8 m，坡比 1∶1.5，虾沟与稻田边筑埂（图 7-1）。进、排水口分别位于稻田两端，进水渠建在稻田一端的田埂上，排水口建在稻田另一端环形沟的低处（图 7-2）。进、排水口的防逃网应为 8 孔/cm^2（相当于 20 目）的网片，外埂内侧的防逃网可用光滑的黑油布、玻璃板、石棉瓦等材料，防逃网高 40 cm。4 月上中旬移栽水草，水草栽植面积占环沟面积的 30%左右。

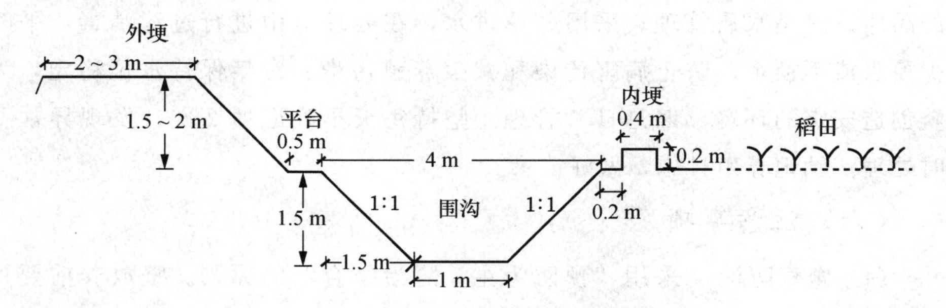

图 7-1　稻—虾共作稻田围沟开挖剖面图

（二）虾苗放养

8 月下旬，每亩投放 30 g/只左右的亲虾 15～25 kg，雌雄比 2∶1；或者

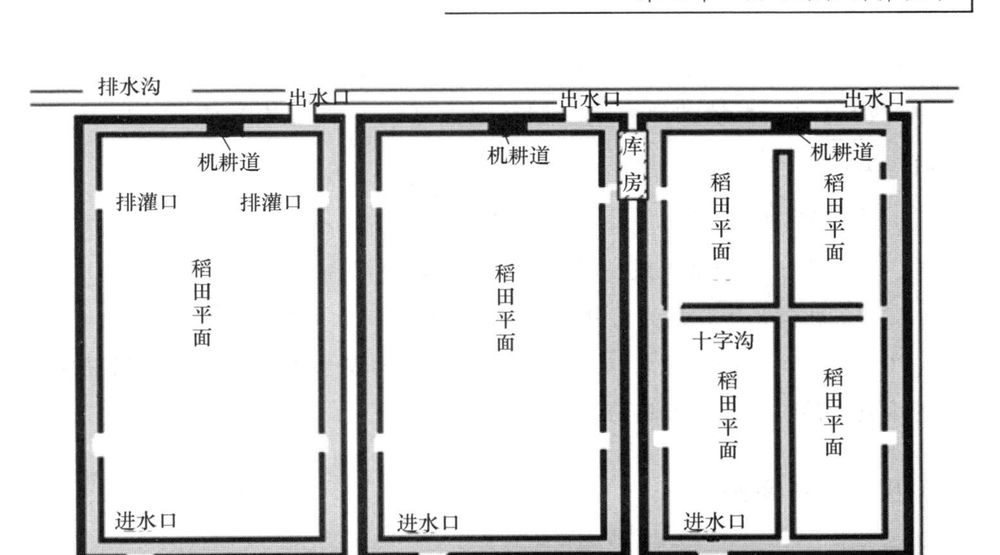

图 7-2　稻虾共作稻田建设平面图

3 月下旬至 4 月上旬，每亩投放 250～500 只/kg 的幼虾 1.0 万～1.5 万只。3 月下旬至 5 月中旬加大投喂，如菜饼、豆渣、大豆、螺肉、蚌肉、莴苣叶、黑麦草等，投喂饲料做到晴天多投，雨天少投或不投。每 10 d 进行一次肥水调水，防青苔滋生蔓延，保持水质优良。实行轮捕轮放，实现稻—虾连作、稻—虾共作与小龙虾生态繁育的良性循环。

（三）水稻栽培

（1）水稻品种选择　通过国家或省审定，米质达到国标二级以上，生育期 125～135 d 的株型紧束、高产优质与抗病抗倒品种。种子质量符合《粮食作物种子　第 1 部分：禾谷类》（GB 4404.1）水稻二级良种标准。

（2）秧苗适期移栽　在 6 月 5—15 日，秧龄 17～20 d、叶龄 3～4 叶时插秧。插秧机插秧株行距调节至 14.6 cm×30.0 cm 或 18.0 cm×25.0 cm 左右，每亩插 1.5 万穴左右，每穴 3～4 苗，每亩基本苗 5 万左右。

（3）秧田管理　坚持“前促中控后补”的施肥原则，每亩化肥施用总量：纯 N 10～12 kg、P_2O_5 4～6 kg、K_2O 6～8 kg、Zn 0.12 kg，禁止使用碳酸氢铵和氨水。每 2 hm^2 安装 1 盏功率为 15 W 杀虫灯，诱杀成虫，减少农药使用量。利用和保护好天敌，使用性诱剂诱杀成虫，使用杀螟杆菌和生物农药 Bt 粉剂防治螟虫。水稻黄熟末期（稻谷成熟度达 90%左右）收获。留桩高度 30 cm 左右，秸秆全部还田。

（四）注意事项

（1）稻田土质为壤土或黏壤土，要求水量充沛。

（2）9 月至翌年 3 月为苗种培育期，注重保持水的肥度。

（3）水稻生产使用肥料禁止使用碳酸氢铵与氨水类肥料，病虫害防治禁止使用有机磷、菊酯类和高毒、高残留农药。

四、稻—鳅共作

（一）稻田的基本条件

地势平坦，坡度小，水量充足，水质清新无污染，排灌方便，雨季不涝的田块；土质以保水力强的壤土为好，且肥沃疏松腐殖质丰富，呈酸性或中性（pH 6.5～7），泥层以深 20 cm 为宜。稻田养殖面积不宜太大，3 亩以内为宜，面积过大给生产上带来管理不便，投饵不均，起捕难度大，影响泥鳅产量。

（二）水稻品种的选择

品种应选择耐肥力强、矮秆、抗倒伏、生长期长、高产优质和抗病性能好的品种，以中稻或晚稻为宜。尽量避免在水稻生长季节施肥、撒药。

（三）稻田的结构形式

养鳅稻田的结构形式目前有 4 种，即沟凼式、田塘式、沟垄式和流水沟式。重庆市稻田养殖主要采取的模式是沟凼式。

（1）沟凼式　在稻田中挖鱼沟、鱼凼，作为鱼的主要栖息场所，一般按“井”字形或“十”字形等挖掘。鱼沟要求分布均匀，四通八达，有利于泥鳅的生长，宽 35 cm、深 20～30 cm，鱼沟面积占稻田总面积的 8%～10%。沟凼式挖掘形式多种多样（图 7-3 至图 7-5）。

（2）田塘式　田塘式是在稻田内部或外部低洼处，开挖鱼塘，鱼塘与稻田沟沟相通，沟宽、沟深均为 50 cm，鱼塘深 1～1.5 m，占稻田总面积的

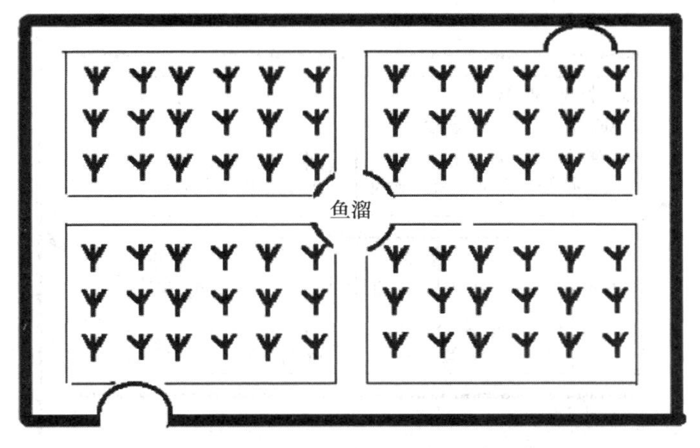

图 7-3　圆形鱼溜开在稻田中心的田字溜

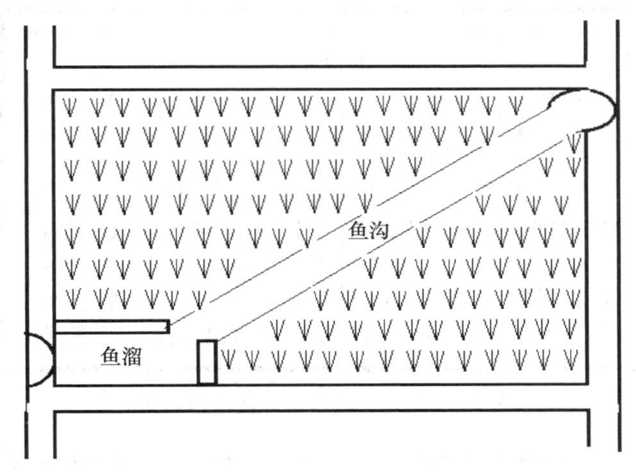

图 7-4　方形鱼溜开在稻田一角的一字溜

10%～15%，泥鳅在田、塘之间自由活动（图 7-6 和图 7-7）。

（3）沟垄式　将稻田周围的鱼沟挖宽挖深，田中间也间隔一定距离挖宽挖深，所有深沟都通鱼凼，泥鳅可以在田中自由活动（图 7-8、图 7-9）。

（4）流水沟式　在田的一侧开挖占总面积 5%左右的鱼凼，挨着鱼凼开挖水沟，围绕田的四周，在鱼凼另一端水沟与鱼凼相通，田中间间隔一定距离开挖数条水沟，均与围沟相通，形成活的循环水体（图 7-10）。

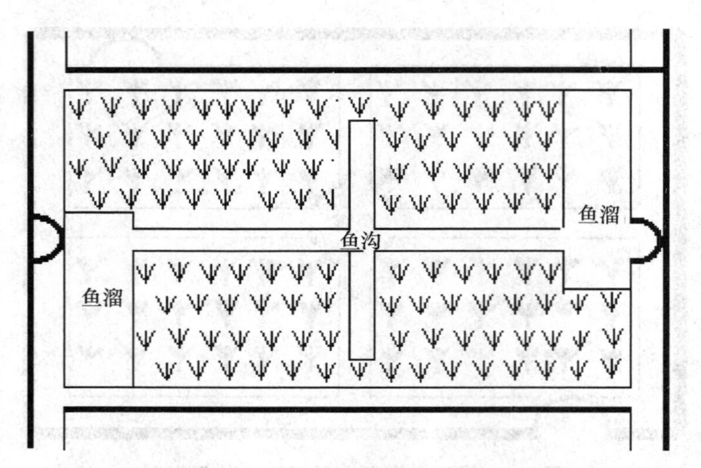

图 7-5 长方形鱼溜开在稻田两侧的十字沟

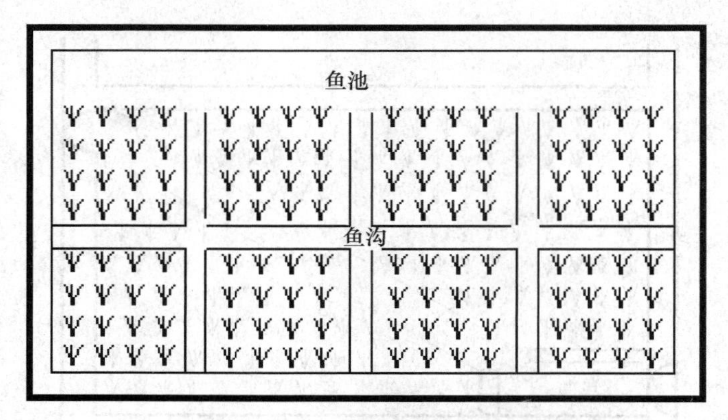

图 7-6 鱼池开在稻田一侧的田塘式

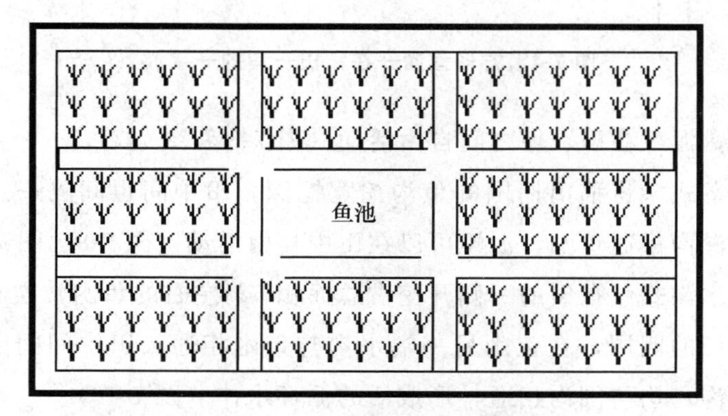

图 7-7 鱼池开在稻田中心的田塘式

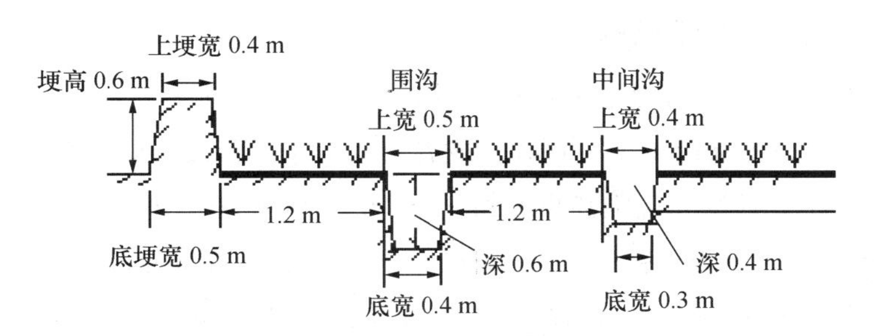

图 7-8 垄稻沟鱼式稻田剖面结构示意图

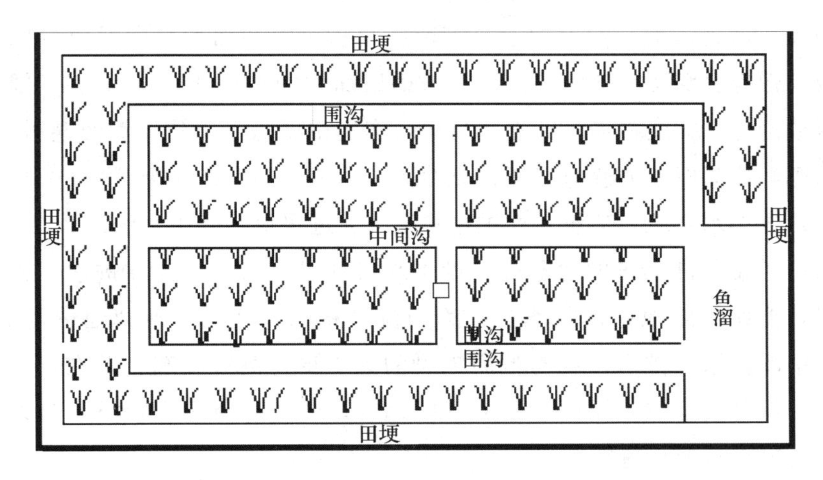

图 7-9 垄稻沟鱼式稻田平面示意图

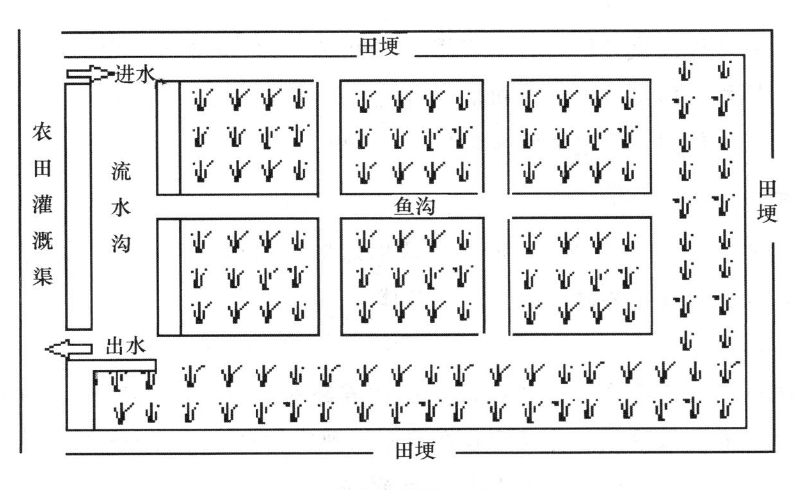

图 7-10 流水沟式稻田平面示意图

（四）稻田工程改造

（1）防逃工程　加固增高田埂，设置防逃板或防逃网，防逃板深入田泥20 cm以上，露出水面40 cm左右，或者用纱窗布沿稻田四周围拦，纱窗布下端埋至硬土中，纱窗布上端高出水面15～20 cm。在进出水口安装60目以上的尼龙纱网两层，纱网夯入土中10 cm以上，两层拦网起防逃作用。

（2）鱼沟和鱼凼建设工程　在田间开挖鱼沟，鱼沟可挖成“一”字、“十”字、“田”字或“井”字等形状，深宽各35 cm，鱼凼设在进排水口附近或田中央，做到沟沟、沟凼相通，不留死角。鱼凼的面积根据需要可以为长方形或圆形等，深40～60 cm，面积占稻田面积的3%～5%，凼底可铺一层塑料板或网片，方便捕捞。鱼凼和鱼沟的作用主要是可以作用泥鳅避暑防寒，也是施肥和用药时鱼的躲避场所，集中捕捞均可，还可以作为暂养池。

（3）进排水系统　建设独立进排水系统，进水口要高于水面约20 cm，在田埂的另一端，进水口的对角处，设排水口和溢水口，这样在进水、排水和溢水时，能使养鳅池中形成水流，均匀流过稻田，并充分换掉池中的老水，增加池中的新水。排水口要与池底铺设的黏土层等高或稍高，并在进、出水口加设用尼龙网片或金属网片制成的防逃网，防止泥鳅逃逸，溢水口设置于排水口上方，也要设置防逃网。

（五）施肥与消毒

（1）在放种前进行消毒　每亩用生石灰25～30 kg兑水，全田泼洒。

（2）插秧前施足腐熟的有机粪肥作底肥　每亩施猪、牛粪100～200 kg，繁殖培育天然饵料，促进泥鳅摄食生长。

（六）苗种放养

（1）放养时间　在早中稻插秧完成以后即可放苗。一般选择在晴天的下午进行，操作时动作要轻，防止损伤鱼体。

（2）放苗方法

①稻—鱼同养模式。一般在插秧后放养鳅种，单季稻放养时间宜在第1次除草后放养；双季稻放养时间宜在晚稻插秧后放养，3～5 cm的泥鳅苗放养密度为1万～1.5万尾/亩，规格均一度要好。

②稻—鳅轮作模式。在早稻收割后，晒田3～4 d，每亩撒米糠、菜籽饼150

kg,第 2 d 施禽畜粪肥 200 kg。施肥后，暴晒 3～4 d,使其腐熟，1 周后，天然生物饵料比较充足时放苗。

（3）苗种消毒 泥鳅苗在下池前要进行严格的鱼体消毒，杀灭泥鳅苗体表的病原生物，并使泥鳅苗处于应激状态，分泌大量黏液，下池后能防止池中病原生物的侵袭。体表消毒的方法是：先将泥鳅苗集中在一个大容器中，用 3%～5%的食盐水或 8～10 mg/L 的漂白粉溶液浸洗 10～15 min，捞起后再用清水浸泡 10 min 左右，然后再放入养鳅池中，具体的消毒时间视泥鳅苗的反应情况灵活掌握。放苗时要注意将有病有伤的捞出，防止被病菌感染，使病原扩散，污染水体，引发鱼病。

（4）放养密度 视泥鳅苗的规格、泥鳅池条件和技术水平而定。泥鳅苗规格整齐，体质健壮，水源条件好，饲养水平高，则可适当多放。一般的放养规格为 3～4 cm/尾，共放养密度为 15～20 尾/m^2；规格为 5～6 cm/尾的泥鳅苗，其放养密度为 10～15 尾/m^2；规格为 6～8 cm/尾的泥鳅苗，其放养密度为 10 尾/m^2。

（七）日常管理

（1）施肥 晒田翻耕后，放苗前 1 周左右，在鱼凼底部铺设 10 cm 左右的有机肥，上铺稻草 10 cm，其上再铺泥土 10 cm，做基肥，培育浮游生物。畜禽粪肥肥效慢，肥效长，对泥鳅无影响，还可以减少日后施肥量，一次性施足 1 000 kg/亩以上。

（2）施药 先喷施总药量的 1/2，剩余的 1/2 隔 1 d 再喷施。喷雾时，喷嘴必须朝上，让药液尽量喷在稻叶和叶茎上，千万不要泼洒和撒施。施药最好在阴天或晴天的下午 4 时左右进行。施药前必须准备好加水设备以防泥鳅中毒后能及时加水，施药后要勤观察、勤巡田，发现泥鳅出现昏迷、迟钝的现象，要立即加注新水或将其及时捕捞上来，集中放入活水中，待其恢复正常后再放入稻田。在兼顾泥鳅与稻谷两者的基础上，应少施或不施农药，尽量使用物理方法或生物农药杀虫，严禁施剧毒农药，用药时加深水位，分批下药，切忌将农药直接投入水中，应将其喷在稻叶上，在稻叶干后、露水干前喷洒效果最好；晒田时要把泥鳅驱赶到鱼凼，要始终保持鱼凼有水。

（3）饲料投喂 一般以稻田施肥后的天然饵料为食，再适当投喂一些米糠、蚕蛹、畜禽内脏等，1 d 投 2 次，早上和傍晚各 1 次。鳅苗在下田后 5～7 d 不投喂饲料，之后每隔 3～4 d 投喂米糠、麦麸、各种饼粕粉料的混合物和配合饲料等。日投喂量为田中泥鳅总重量的 3%～5%；具体投喂量应结合水温的高低和泥鳅的吃食情况灵活掌握。到 11 月中下旬水温降低，便可减投或停止投喂。在饲养期间，还应定期将小杂鱼、动物下脚料等动物性饲料磨成浆投喂。

（4）水质管理　水质的好坏，对泥鳅的生长发育至关重要。泥鳅虽然对环境的适应性较强，耐肥水，但是如果水质恶化严重，不仅影响泥鳅的生长，而且还会引发疾病。饲养泥鳅的水要保持肥、活、嫩、爽，水色以黄绿色为佳，溶解氧要保持 2 mg/L 以上，pH 保持在 6.5～7.5（一般池塘养殖时间长了均呈酸性，主要是氨氮含量增高）。

（5）防逃管理　泥鳅善逃，当进排水口的防逃网片破损，或池壁崩塌有裂缝外通时，泥鳅便会随水流逃逸，甚至可以在一夜之间全部逃光。另外在下雨时，要防止溢水口堵塞，发生漫田逃鳅。

（6）防病管理　高温季节定期加注新水，换掉老水，每半月 1 次。当水质恶化严重时，应定期用生石灰在鱼凼鱼沟泼洒，消毒，调控水质。

（7）防生物敌害　在田埂四周外侧用网片、塑料薄膜等材料埋设防敌害（蛇、蛙等）设备，高度以青蛙跳不过为宜，一般为 1 m 左右。到育苗后期在稻田上方还要架设用丝线等材料制作的防鸟网或者树立稻草人。

（8）水草移植　由于泥鳅苗种比较娇嫩，出膜后游动能力很差，所以在环沟中应当布置一些水草供泥鳅苗种下塘时附着栖息，同时水草还可用以净化水质。水草一般选用苦草、轮叶藻等，移植面积占养殖面积的 10%左右。如果水草过多生长，要及时捞除。水草移植时要用漂白粉消毒，杀死水草上黏附的鱼、蛙卵和水蛭等敌害生物以及病原体。

（八）泥鳅的捕捞

（1）笼捕　在编织的泥鳅笼中放诱饵捕捉或将塑料盆用聚乙烯密眼网片把盆口密封，盆内置放诱饵，在盆正中的位置开 1 cm 大的 2～3 个小洞供泥鳅进入以便捕捉。

（2）冲水捕捉　采取在稻田的进水口缓慢进水，而在出水口设置好接泥

鳅的网箱，打开出水口让泥鳅随水流慢慢进入网箱而起捕。

（3）干田捕捉　排干稻田水，捕捉泥鳅。

（九）注意事项

（1）发展稻田综合种养适宜规模化发展，集中连片，才能充分发挥综合效益。

（2）做好进排水设施改造，提高防洪抗旱能力。

（3）增高加固田埂，防逃网要勤查补漏，防止泥鳅逃逸。

（4）注重鱼米品牌打造和开发，提高产品质量和效益。

五、稻—蟹共作

（一）水稻栽培技术

（1）田间工程　养蟹稻田距田埂60～80 cm处挖环沟。环沟上口宽60～80 cm，深40 cm，下底宽25 cm。

（2）测土施肥　采取测土配方施肥方法，在旋耕地前一次性施入复混肥，使肥效缓慢释放于土壤中，解决常规种稻地表施肥频繁造成水中氨氮含量过高，抑制河蟹摄食和生长的问题，同时满足水稻正常生长对肥力的需求。

施肥方法：旋耕地前一次性施入复混肥40～50 kg/亩，分蘖期进行追肥，追肥分2次进行，每次施入2～3 kg/亩氮肥，稻田水质氨氮含量控制在0.3 mg/L以内。

（3）水稻种植

①养蟹稻田水稻应选择抗倒伏、抗病力强与高产优质水稻品种。

②插秧采用大垄双行、边行加密模式。即改常规模式30 cm等行距为20 cm、40 cm的宽窄行距，到9月上旬大垄间还有光照空间，利用边行优势密插、环沟沟边加密，弥补工程占地减少的穴数。插秧时间为5月下旬至6月初。

（4）田间管理

①水位：在不影响水稻正常生长的情况下，尽量加深水层，每3～5 d换水1次。

②巡田：坚持每日巡田，注意观察水质变化、河蟹的生长摄食和防逃设

施等情况，大雨天要注意防逃。

③农药使用：选用低毒高效的农药，施药时间选择在晴天的上午。

（二）河蟹养殖技术

1. 防逃设施

河蟹放苗前，每个养殖单元在四周田埂上构筑防逃墙。防逃墙材料采用尼龙薄膜，将薄膜埋入土中10～15 cm，剩余部分高出地面60 cm，其上端用草绳或尼龙绳作内衬，将薄膜裹缚其上，然后每隔40～50 cm用竹竿做桩，将尼龙绳、防逃布拉紧，固定在竹竿上端，接头部位避开拐角处，拐角处做成弧形。进排水口，设在对角处，进、排水管长出坝面30 cm，设置60～80目防逃网。

2. 蟹种选择及消毒

①蟹种：选择活力强、肢体完整、规格整齐和体色有光泽的蟹种。同时，还要注意蟹种脱水时间不能过长，肥满度较好。蟹种规格选择120～160只/kg。

②消毒：蟹种在放养前要消毒，用20～40 g/m^{3}水体的高锰酸钾或3%～5%的食盐水浸浴5～10 min。

3. 蟹种暂养

4月中旬至稻田供水之前，选择有水源条件的田块进行先期暂养。蟹种经过消毒后放入暂养池中暂养，暂养池面积应占养蟹稻田总面积的20%，暂养池内设隐蔽物或移栽水草。暂养密度每亩不超过3 000只。蟹种放入暂养池后就要投喂优质饵料，投饵量按蟹重的3%～5%观察投喂，并根据水温和摄食量随时调整。

4. 蟹种放养

稻田养殖成蟹放养密度以400～600只/亩为宜。河蟹属杂食性，水草是不可缺少的补充和替代饵料，稻田养蟹不用药物除草，根据杂草在耙地后7 d萌发，12～15 d生长旺盛的规律，在此期间投放蟹种，可充分利用杂草这种天然饵料。剩余的杂草，人工拔除。

5. 饵料投喂

饵料投喂要做到适时与适量，日投饵量占河蟹总重量的5%～10%，主要

采用观察投喂的方法，注意观察天气、水温、水质状况，并根据饵料品种灵活掌握。河蟹养殖前期，饵料品种一般以粗蛋白含量在30%以上的全价配合饲料为主。河蟹养殖中期的饵料应以植物性饵料为主，如黄豆、豆粕或水草等，搭配全价颗粒饲料，适当补充动物性饵料，做到荤素搭配、青精结合。后期，饵料主要以粗蛋白含量在30%以上的配合饲料或杂鱼等为主，可以搭配一些高粱、玉米等谷物。

6. 病害防治

蟹病以防为主，防病主要要在水质、饵料等环节上加强管理，定期用生石灰或二溴海因消毒水体，也可用生物制剂调节水质。对于蟹病一定要早发现早治疗，做到对症下药。

7. 注意事项

稻田养殖大规格的河蟹，放苗密度应在400只/亩以下，饵料要保质保量，尽量多换水，保证水质清新。

思考题

1. 我国稻田综合种养经历了哪几个发展时期?
2. 我国稻田综合种养的主要模式有哪些?
3. 稻—虾共作模式如何掌握水稻的主要栽培技术?

第八章

再生稻栽培技术

再生稻是头季稻收获后，利用稻桩上存活的休眠芽长起来的再生蘖，在适当的温、光、水和养分等条件下，辅以良好的培育管理技术，以达到出穗成熟的一季水稻。

第一节 再生稻发展历程

一、再生稻发源于中国古代

中国再生稻开发利用已有1 700多年的历史，早在公元3世纪西晋时，郭义恭所著《广志》一书中就有“南方有盖下白稻，正月种，五月获，获讫，其茎根复生，九月熟。”的记述。东晋的张湛著《养生要集》中记有“稻已割而复抽，曰稻荪”。再生稻在中国长江流域有相当长的栽培历史，主要在湖南、湖北、江西、安徽、四川等地，据《湖南农业志》记载，在1938—1944年，全省累计推广再生稻12.1万hm^2，每亩产量31.2 kg。1953—1955年，洞庭湖区蓄留再生稻面积占水稻面积的30%～40%，每亩产量150～200 kg，在湖区蓄留再生稻也是救灾的一项补偿措施。过去由于历史条件的限制，再生稻停留在传统落后的生产水平上，同时受品种和气候诸因素的限制，单产水平很低。

二、现代再生稻的发展

在20世纪，原四川大学农学院院长杨开渠教授对再生稻生长发育、经济性状、收割高度等进行了系统研究，为中国再生稻的研究和发展奠定了基础。到20世纪70年代初，当中国杂交水稻培育成功后，杂交稻再生利用是推动中国再生稻发展的新起点。广东省率先研究杂交稻蓄留再生稻，四川、广西、湖南、湖北等省（市、自治区）也相继开展了研究。20世纪70年代末随着杂交水稻的推广应用，不同熟期组合的配套，以及栽培技术水平的进步，生产条件不断改善，再生稻的研究利用已进入了一个新的发展阶段。

20世纪50—60年代，湖北省荆州地区利用常规稻蓄留再生稻（秧荪稻），每亩产量30～50 kg。70年代发展双季稻，再生稻趋于淘汰。1984年开始，荆州地区农业局水稻专家邓凤仪主持开展杂交水稻再生利用研究，探索出杂交稻再生具有高节位优势、多穗优势和速生优势。1990年江陵县观音垱镇866.7 hm^2 再生稻，头季单产500 kg/亩以上，再生季单产327 kg/亩，其中高产田达432 kg/亩。荆州地区2.13万 hm^2 再生稻平均单产215 kg/亩。

1987年四川省（含重庆市）立题开发，到1989年全省再生稻面积从1985年的2 000 hm^2 发展到45.04万 hm^2，单产量105.5 kg/亩，总产7.1亿 kg。1988年湖南省成立了“杂交中稻再生稻理论及栽培技术协作组”，边试验研究，边示范推广。1994年全省蓄留面积4.1万 hm^2，实收面积3.5万 hm^2，有收率86%，单产量199 kg/亩。与此同时，湖北、福建、云南、安徽、浙江、江西、贵州和广西等省（市、自治区）也加快了杂交水稻再生稻的研究与发展。全国杂交水稻再生稻的生产面积，由1986年的6.7万 hm^2，单产仅70～80 kg/亩，扩大到1993年的48.9万 hm^2，单产129.3 kg/亩。1997年全国再生稻收获面积741.7万 hm^2，比1990年增加28.2万 hm^2，单产上升到138 kg/亩，增长39%。1998年全国再生稻收获面积713万 hm^2，其中四川省最多为24.4万 hm^2、重庆11.9万 hm^2、云南9.2万 hm^2、福建6.2万 hm^2。与此同时，涌现不少高产典型，湖南省隆回县颜公乡白地村733.3 m^2，头季稻每亩产稻谷625.7 kg，再生稻每亩产稻谷380 kg，两季单产1 007.5 kg/亩；桃江县洪桥乡黄合村713.3 m^2，头季稻单产稻谷687.5 kg/亩，再生稻单产稻谷322.7 kg/亩，两季总产量 1 010.1 kg/亩；1998 年福建省龙溪县板面乡大坪村，全村连片种植 68.3 hm^2，头季稻单产量 656.1 kg/亩，再生稻单产量 419.5 kg/亩，全年合计单产量 1 095.6 kg/亩；武冈县邓元泰镇华塘村村民夏得让种植 122.3 hm^2，前作小麦单产原粮 207.5 kg/亩，中稻单产量 656 kg/亩，再生稻单产量 304 kg/亩，全年粮食产量 1 167.5 kg/亩。温光资源充裕的云南红河县宝华乡安庆村农户毛文荣种植 1 166.7 m^2，再生稻收干谷 863.6 kg，折合单产 508 kg/亩；全国还创办了一批高产示范样板，大面积单产 200 kg/亩以上，出现了小面积单产 400～500 kg/亩的高产田，湖南、福建、云南创造了大面积中稻＋再生稻两季亩产吨粮田。随着再生能力强的杂交水稻新组合的育成和稻田耕作制度改革的推进，再生稻的推广面积将会上一个新的台阶。

自 20 世纪 80 年代中期以来，湖北省蕲春县开始恢复扩大再生稻生产，不断筛选适宜优良品种，改进栽培技术，发展稻米加工，提高品质和效益。2012 年再生稻面积突破 1 万 hm^2，2014 年超过 1.33 万 hm^2，2018 年达到 1.67 万 hm^2，再生稻单产由 188 kg/亩，提高到 307.2 kg/亩（表 8-1）。

三、发展杂交水稻再生稻的意义

当前，杂交中籼稻—再生稻的稻田耕作制度在四川、重庆、云南、福建和湖北等省（市）已基本形成，这是一项高效节能增产的栽培技术，也是发展稻谷生产，增加粮食产量的一条新途径。发展杂交中籼稻—再生稻是种植制度的改革，是栽培技术的进步，完全符合高产、优质、高效农业发展的方向。

（一）可以提高稻田复种指数，培肥地力

湖南省常年种植中稻 52 万 hm^2，其中杂交中籼稻占 90％以上。主要分布在海拔 400～500 m 中低山区处和洞庭湖区低洼渍水的一季稻田中，这些地区的中籼稻，一般在 4 月中下旬播种，8 月中下旬齐穗。在播种前和齐穗后的两个时段，合计有 1 个多月有利于水稻生长的温光资源未被利用，属于“种一季有余，种两季不足”，若蓄留一季生育期适当的再生稻，变一季为两季，温

表 8-1 蕲春县再生稻生产情况统计表

年份	种植面积/万 hm^2	头季					再生季					两季产量/（kg/亩）
		有效穗数/（万穗/亩）	总粒数/（粒/穗）	实粒数/（粒/穗）	千粒重/g	实产/（kg/亩）	有效穗数/（万穗/亩）	总粒数/（粒/穗）	实粒数/（粒/穗）	千粒重/g	实产/（kg/亩）	
2012	1.01	15.4	163.9	140.8	27.8	601.3	13.2	71.9	53.6	26.5	188.2	789.5
2013	1.21	18.1	157.7	133.5	25.1	605.5	15.8	67.9	51.1	24.0	193.5	799.0
2014	1.33	17.2	152.4	131.1	27.2	612.4	16.9	57.5	50.6	26.3	224.6	837.0
2015	1.35	16.8	155.0	135.2	27.3	621.9	21.8	69.7	53.8	25.8	303.1	925.0
2016	1.53	18.0	149.5	129.7	26.2	612.6	21.7	67.5	56.0	25.9	314.2	926.8
2017	1.62	17.4	159.2	137.9	26.1	625.3	20.8	77.1	59.2	24.9	307.2	932.5
2018	1.67	16.8	168.2	138.8	26.5	618.5	20.1	75.1	59.5	24.7	294.6	913.1
2019	1.55	16.5	169.1	145.4	25.9	622.7	19.3	77.5	57.9	24.8	276.8	899.5
2020	1.37	17.5	158.6	132.3	25.9	600.4	21.5	69.7	48.6	24.9	295.7	896.1

光资源能得到充分利用。再生稻的稻草还田后，增加了土壤有机质，能培肥地力，使水稻持续高产，是一种较好的耕作制度。这对于提高水稻单产，增加粮食总产具有重要意义。

（二）生产潜力大，稻谷日产量高

再生稻没有单纯的营养生长阶段，头季收割后再生芽萌动时同时进行穗分化，因此生育期短，一般只有 60 d 左右，且日产量高。据湖南省邵阳市试验，中籼稻全生育期 123 d，每亩日产 4.23 kg；再生稻日产 4.47 kg；早籼稻 115 d，日产 3.44 kg。再生稻比早籼稻日产高 1.03 kg，比中籼稻日产高 0.24 kg。

（三）种一季收两季，经济效益高

再生稻是利用收割头季稻后稻桩上的潜伏芽萌发长成的一季稻，不需要育秧、整田和移栽等环节，与种植双季稻比较可省工、省种、省肥、省秧田、省农药和省水，最多可节省 60%的生产成本，因而经济效益高。同时解决了劳力、畜力、机耕紧张等问题，减轻了劳动强度，缓和了早、晚两季稻季节紧张的矛盾，是调整种植业结构、提质增效的有效途径。

（四）生态效益好

再生稻的全生育期短，用药量少，可减轻农药对环境的污染，有利于农业可持续发展。

（五）社会效益好

再生稻的收割期比双季晚籼稻提早 10～15 d，有利于油菜、大麦、小麦、马铃薯和蔬菜等冬种作物充分利用冬季的温光资源，提高产量。中籼稻蓄留再生稻的种植方式还适宜于冷浸田、深泥脚田，可以大幅度提高这类稻田的产量。因此，对改造低产田具有重要意义。

（六）再生稻米质好

再生稻生育期从高温到低温，与晚籼稻基本类似，灌浆结实期昼夜温差大，谷壳薄，出米率高，米质优，食味好。中国水稻所赵式英等研究，再生稻的整米率、整精米率、垩白率、垩白度和透明度都远比头季优。

第二节　再生稻的种植区划

黄友钦、刘仕琳等根据中国稻作区域的自然条件，再生稻对温、光、水的需求和主成分分析结果，提出再生稻适宜和不适宜种植区的临界气候指标（表 8-2）。再根据聚类分析结果，将中国再生稻适宜和基本适宜种植地带划分为 5 个气候生态带（以下各区再生稻面积来源于 1999 年全国统计资料数据，由全国农业技术推广总站提供）。

表 8-2　再生稻适宜和不适宜种植区的临界气候指标

区域	9 月平均温/℃	≥10 ℃积温/℃	8 月降水量/mm	年降水量/mm	9 月日照时长/h
最适宜区	≥21	≥4 900	≥250	≥1 400	≥250
适宜区	20～21	4 750～4 900	150～250	1 100～1 400	150～250
次适宜区	20	4 600～4 750	100～150	700～1 100	100～150
不适宜区	＜20	＜4 600	＜100	＜700	＜100

注：≥10 ℃积温是对早熟品种（组合）而言的，有 80%保证率的活动积温，若是中、迟熟品种，各区积温须相应增加 200～400 ℃。

一、华南再生稻作带

华南再生稻作带包括广东、广西、海南三省（自治区），该区的气候特点是热量丰富，雨量充沛，水稻安全生育期长，广东安全生育期在 187～278 d，广西安全生育期 180～220 d，≥10 ℃积温为 6 000～9 300 ℃，适宜种植双季稻，也适宜种植一季杂交稻加再生稻，海南甚至可以一年三熟。由于种水稻的比较效益低，因此经济发达的广东省和海南省基本没有种植再生稻，仅广西种植 4.16 万 hm^2，约占全国种植面积的 5.83%。

二、华东南再生稻作带

华东南再生稻作带包括福建、江西和浙江三省，该区的气候仅次于华南再生稻作带，安全生育期 275 d 左右，≥10 ℃积温 5 100 ℃～7 500 ℃，特别是福建省再生稻区光热资源比较丰富，十分有利于水稻生长，是全国最早进行再生稻栽培技术研究和生产示范的省之一，也是全国再生稻高产地区之一，种植面积最大，占该区的 73.3%。华东南再生稻作带的再生稻面积占全国再生稻面积的 12.27%。

三、华中再生稻作带

华中再生稻作带包括湖南和湖北两省，本区为全国的粮仓，湖南以双季稻为主，湖北中稻面积近 200 万 hm^2，占水稻面积的 90%。两省水稻面积占全国水稻播种面积的 20%，两省再生稻面积占全国再生稻面积的 16%，该稻作带≥10 ℃积温为 5 020～5 840 ℃，是再生稻的主产区。湖南省再生稻主要分布在湘东南海拔 500 m 以下、湘西南海拔 400 m 以下、湘西北海拔 300 m 以下的中低山区以及洞庭湖区低洼渍水区；湖北省主要分布在江汉平原、鄂东低山丘陵和鄂中丘陵平原，其中荆州、荆门和黄冈等市的种植面积较大，产量较高（图 8-1）。

图 8-1　湖北省再生稻主产区域图

四、华东再生稻作带

华东再生稻作带包括安徽和江苏两省，其中安徽适宜再生稻生长的地区有皖南山区、沿江区、江淮区和沿淮区4个亚区。再生稻种植面积为1.33万hm^2。

五、西南再生稻作带

西南再生稻作带包括四川、重庆、云南和贵州四个省（市）。该稻作带≥10℃积温4 500～6 500℃，再生稻种植总面积为45.7万hm^2，占全国再生稻总面积的64.04%，是全国再生稻种植面积最大的区域。再生稻主要分布在种双季水稻热量不足，种一季水稻热量有余的川东南部低海拔河谷地区。云南再生稻区有68个县，分布在滇西南高温多雨、多日照最适宜亚区，滇南低纬度温暖适宜亚区，滇中、滇北、滇东北高温少雨、温凉寡照次适宜亚区。

第三节　再生稻的生长发育特点

再生稻的生长发育与头季稻不同在于，再生稻生长开始于头季稻茎节上再生芽的分化，而不是由种子萌发开始的；再生稻生育过程中包括头季稻停止生长的一个时期，即再生芽休眠期；再生稻幼穗分化开始较早，头季稻收割前，再生芽已进入幼穗分化阶段，以后再生芽出生后，伴随再生叶片、根系、茎秆等的生长而继续进行幼穗的分化；再生稻的株叶型与头季稻明显不同，再生稻植株比头季矮小，总叶片数少，叶型短、窄、厚和挺直，单株叶面积为头季稻的1/4～1/3，每亩的总叶面积大于头季稻，脚叶疏通和冠层发育良好，田间通风透气性比较优良，使群体结构发生了变化，成穗率显著提高，再生稻田总茎数成穗率比头季稻高15%～20%。

一、再生稻的根系

再生稻的根系由两部分组成，一部分是老根，即头季稻稻桩母茎上存活的根；另一部分是新根，即随着再生稻苗的生长，在头季稻桩基部的再生节位及再生蘖基部长出的根。老根吸收的养分有近一半贮藏于老蔸中，新根吸收的养分大部分转移到再生芽中，其中有70%转移到低位芽。在收后21 d内，再生稻靠母根摄取养分，而再生稻株产生的根，仅占再生稻根系总干重的11%～17%。因此，在再生稻的整个生长发育过程中，保持头季根系活力和促进再生稻新根的生长具有同等重要性。生产上既要使头季稻生长出庞大的根系，保持其后期的活力，又要促进再生稻新根系的生长，才能满足再生稻对养分和水分吸收的需要。一般头季稻成熟时再生根开始出现，头季收割后，稻桩中贮藏的养分，一部分转移到供应茎节上腋芽生长，另一部分促进母茎不定根原基萌动生根。到再生稻孕穗期根系就基本形成。稻桩上部节位因离地面太远，即使发生少数再生根，也易失水枯死。据研究，随母茎节位上升，发根数相应减少（表8-3）。汕优63稻桩母茎的发根力（单株平均发根数×根长）以倒5节居高，其次为倒4节，倒2节没有发根能力。因此，在生产上成功地蓄留再生稻，既要保持头季稻老根系后期的活力，还应争取倒5节、倒4节上长出更多的新根。

表8-3　杂交籼稻汕优63再生母茎各节位发根情况

地点	组合	项目	节位				合计
			倒2	倒3	倒4	倒5	
福建省将乐县农技站	汕优63	发根数/（条/株）	0	11.21	13.97	14.98	40.16
		根长/cm	0	3.31	5.37	5.38	84.67
		发根力/%	0	37.11	75.02	80.59	187.55

要使再生稻高产，既要重视头季稻根系对再生稻的作用，又要注意再生稻本身根系的作用，头季稻根系活力高峰处于头季稻灌浆至成熟期，再生稻根活力高峰处于再生稻灌浆期。要增强再生稻根系活力，首先要使头季稻后期根系活力保持在一定水平。在栽培上，要合理安排头季稻的栽插密度，防止过早封行和后期叶片早衰，在头季收割前10 d及时施促芽肥和收割后1～3 d追施保蘖肥。同时头季稻要抓住时机进行落水晒田，以改善根系生长环境，促进头季稻根系和再生稻根系的生长，延缓根系的衰老。

二、再生稻的茎秆

再生稻的茎秆是由头季稻收割后留下来的稻桩（母茎）加上由潜伏芽生长而成的茎秆（再生茎）组成。再生稻茎的形态、结构与头季稻完全一样，也由节和节间组成。再生稻茎节数一般为3～6节，因组合和留桩高度而异，也受环境条件和栽培技术措施的影响。一般头季稻节数多，再生稻节数也会多。留高桩的再生稻节数少于留低桩的。再生稻茎秆的生长一般在再生稻孕穗到抽穗期间，抽穗以后基本停止。再生稻的株高是指再生稻着生节位至穗顶的高度，一般随着再生节位的下降而增高，低节位的比高节位的再生株要高。据福建省农业厅试验，汕优63留桩5～20 cm，其株高（含母桩高度）在55～70 cm；留桩20～40 cm，其株高在70～80 cm。一般桩高每提高5 cm，株高提高3～5 cm（表8-4）。生育期则随株高提高而缩短。生产上习惯以地面至再生穗顶的距离作为再生稻株高，即是由母茎和再生茎两部分组成。因此，它随留桩高度的增加而提高。但一般为头季稻株高的1/2～2/3，故再生稻穗也较头季稻穗小。再生稻株高受头季稻株高的影响，头季稻越高再生稻就越高，株高越大产量越高。株高也受环境和栽培条件的影响。灌水和施肥都能明显提高再生稻的株高。因此，生产上应合理施肥和灌水，促进再生稻生长，提高再生稻株高，以增加再生稻产量。

表8-4　不同留桩高度对两个县种植的汕优63再生稻株高的影响　　cm

地点	留桩高度							
	5	10	15	20	25	30	35	40
株高（福建省光泽县）	55.3	59.7	63.3	68.7	70.7	71.7	74.7	76.3
株高（福建省松溪县）	65.0	65.0	71.5	71.5	75.0	79.0	79.5	81.5
平均株高	60.15	62.35	67.40	70.10	72.85	75.35	77.10	78.90

三、再生稻的腋芽

杂交水稻头季稻的茎节数为14～15个，也有16节的，除剑叶着生节上的腋芽会退化外，其余每节叶腋都有腋芽。早熟组合的节数较少，迟熟组合的节数较多。基部茎节密集，通称分蘖节，地上有4～6个伸长节。伸长节腋芽有两种类型。

（一）分蘖芽

在适宜条件下，分布在地下基部茎秆非伸长节上的腋芽，萌发长成稻苗，称为分蘖苗。低节位的前期分蘖苗多数可以成为有效分蘖，发育成穗，后发分蘖苗多数成为无效分蘖。

（二）潜伏芽

在头季稻拔节和稻穗开始分化以后，随着营养中心的转移，分蘖也就很少发生。在收割头季稻并给适宜肥水条件下，休眠芽萌动，发出幼苗，而后生长发育成再生稻。再生稻生产，就是开发利用头季稻茎秆上的休眠芽或潜伏芽，使之再生萌发长成一季新的稻子。所以，在再生稻生产上常把这些可以开发利用的潜伏芽叫作再生芽。再生稻可利用的再生芽数与水稻品种地上伸长节间的茎节数一致，一般为 4～6 个节。如汕优 63 为 5 个伸长节，除倒一节没有潜伏芽外，有 4 个可以利用的潜伏芽位。茎秆上的腋芽存活率是自上而下递减的，即高位芽存活率高，低位芽存活率低，主要应利用高位芽蓄留再生稻。

芽位是指再生芽所处的节位离地面的高度，以地表为零，地表上的芽为正值，地表下的为负值。不同组合在同一栽培条件下，芽位各不相同。同一组合在不同地区种植，由于气候、土壤及栽培条件的差异，其芽位也有所不同。湖南省君山农场肖高道调查杂交水稻不同组合的芽位长度差异见表 8-5。

表 8-5　不同组合芽位长度差异　　cm

地点	品种	株高	倒 2 芽	倒 3 芽	倒 4 芽	倒 5 芽
湖南君山农场	汕优 63	115	37.0	25.0	12.0	3.0
	汕优桂 33	105	29.6	21.5	10.5	3.0
	汕优 64	100	24.0	21.5	12.0	4.5

芽位是蓄留再生稻，确定头季稻收割留桩高度的重要依据之一。生产上要安全保留某个节位的芽来留桩，则应以该节位的最高节位为准，根据头季稻株高估测倒 2 芽的芽位，再加上 5～6 cm 的保护段，确定留桩高度来收获，

才能全部保留和保护该节位的再生芽。

再生芽的成活率是指头季稻成熟收获时，头季稻桩上成活再生芽占总再生芽的百分数，是决定再生稻利用芽的节位和留桩高度的一个重要依据。杂交籼稻品种成熟时再生芽的活芽率随着再生芽所处节位的上升而增加，再生芽着生节位越低，死芽率越高。福建省农业厅粮油处调查，汕优 63 留 5 cm 低桩的活芽率低，仅为存留芽的 1/4，再生率也低，一个母茎只长一个苗，因而有效穗仅为高桩的 38.6%；留 25 cm 以上，活芽率提高到 30%以上，每个母茎可长出 1.7 个再生苗，每亩有效穗达 20 万穗以上。据湖南省隆回县对威优 64 收割前考察，倒 2 节芽存活率为 98.7%，倒 3 节芽存活率为 95.3%，倒 4 节芽存活率为 75.2%，倒 5 节芽存活率只有 37.1%。这也是蓄留再生稻必须高留桩提高腋芽利用率的主要依据，留桩的高度必须留住倒 2 节，生产上的利用应以倒 2、倒 3 节芽为主，力争倒 4、倒 5 节芽分蘖成穗。

杂交水稻再生稻潜伏芽幼穗分化与栽培水稻一样，分为 8 个时期。幼穗分化始期，在头季稻齐穗后 15 d 左右，其分化顺序是由上而下的，到完熟期地上部各节位的休眠芽都已分化，故再生稻的生长发育是营养生长和生殖生长并进的。也可将再生稻的生育期划分为两个阶段，第一个阶段是从头季收割到二季抽穗扬花为幼穗分化生育期，一般需 30 d 左右；第二个阶段是从二季抽穗至成熟为抽穗结实期，亦需 30 d 左右。明确这两个生育阶段，以便在生产中严格把握住再生稻的安全抽穗扬花期。再生芽幼穗分化发育也受栽培条件的影响，头季栽培条件好，后期不脱肥早衰，田间通风性好，秆壮、芽壮和幼穗分化发育有所提早。如田边的再生穗，常常比田中间的抽穗提早 5 d 左右，早的达 1 周以上。因此，注意提高头季稻的栽培技术，有促进再生芽幼穗分化发育早和抽穗早的作用。

四、再生稻的叶片

（一）再生稻单株叶片数

再生稻总叶片少，单株叶片数仅为头季稻主茎总叶数的 1/5～1/3，一个母茎可长出 1～4 个再生穗，平均为 1.5～2 个，每个再生穗有 3 片左右的叶。只有具备生长 3 片叶以上，才能使再生苗发育成有效穗。一般头季稻收后 2～

3 d，再生稻即开始长出再生苗，收后 10 d 左右，再生苗可长出 3～4 片叶，平均每 3 d 左右长出一片叶子，但是再生稻的出叶速度受组合和栽培条件的影响，不同节位的再生芽长出的叶片数不等，上位芽长出的叶片数少，下位芽长出的叶片数多，随着再生节位的下降，叶片数递增。据福建省尤溪县观察，汕优 63 组合倒 2 节再生芽为 2.93 叶，倒 3 节再生芽为 2.94 叶，倒 4 节再生芽为 2.99 叶，倒 5 节再生芽为 3.15 叶。

（二）再生稻叶的形态

与头季稻比较，再生稻植株比头季稻矮小，总叶片少，叶型短、窄和挺，单株叶面积小，杂交水稻头季稻的叶片的长度与叶序有关，一般来说，叶序增加，叶长增加，但最长叶、生育期长的组合为倒 3 叶，生育期短的组合为倒 2 叶，剑叶较短且宽；而再生稻一般为 3～4 片叶，第一片叶较短，第二片叶最长，接近头季稻顶二叶长度，然后逐渐变短。

五、再生稻产量构成特点

再生稻产量是由单位面积有效穗数、每穗实粒数、结实率和千粒重四个因素构成。再生稻生育期短，粒重的提高受到限制，增产潜力较小，而增穗的潜力大。每亩有效穗数对再生稻的产量起主导作用，其次是每穗粒数。要提高再生稻的产量，关键是要采取有效措施，增加单位面积有效穗数，在多穗的基础上争大穗，提高结实率。增加再生稻的有效途径有：

（1）头季稻有效穗是再生稻有效穗的基础　再生稻的有效穗是由头季稻的潜伏芽萌发生长的。在一定范围内，头季稻的有效穗数越多，再生稻萌发的芽穗也越多。据湖南省千山红农场调查不同基本苗与再生稻的穗及产量关系见表 8-6。头季稻的单位面积有效穗不但影响头季产量，对再生稻有效穗及产量也有明显影响。要增加再生稻有效穗数，首先要争取头季稻有较多的有效穗。据观察，适当多插基本苗是头季稻有较多的有效穗的基础，不同基本苗对头季、再生稻有效穗和产量影响的关系说明，汕优 63 头季稻每亩有效穗达到 17 万穗左右，每亩产量能过 500 kg。再生稻有效穗数每亩达到 30 万穗以上，每亩产量才能过 300 kg。这样，头季稻每亩基本苗（包括秧田分蘖）必须达到 6 万株以上，以 6 万～8 万株为好，基本苗增加到 10 万株，头季稻和再生稻增产效果都不明显，但产量还是比较稳定。再生稻每亩产量由 253 kg 提高到 355 kg，有效穗增加了 6.4 万穗（表 8-6）。

表 8-6　不同基本苗与头季稻、再生稻有效穗及产量的关系

头季稻			再生稻	
基本苗/（万株/亩）	有效穗/（万穗/亩）	产量/（kg/亩）	有效穗/（万穗/亩）	产量/（kg/亩）
4	15.4	493	29.2	253
6	16.8	562	33.2	306
8	18.6	588	34.4	348
10	20.1	594	35.6	355

注：汕优 63 留桩高度 50 cm。

（2）优势芽穗占产量的比重大　试验中蓄留再生稻的汕优 63 和威优 46 等为生育期比较长的杂交稻组合，这类组合的上、中位芽穗在产量构成中所占的比重大。

（3）适当高留桩能充分发挥优势芽的增产作用　据千山红农场观察，汕优 63 头季稻平均株高 109 cm，倒 2 芽平均芽位为 22.16 cm，倒 3 芽的平均芽位为 8.73 cm。倒 2 节的平均保留率，留桩 30 cm 的为 90.8%，留桩 35 cm 的为 98.5%，留桩 40 cm 以上保留率即可达 100%，但留桩 40 cm 以下的（如 30～35 cm），有相当一部分倒 2 节芽由于缺乏保护段而干枯死亡，即使留桩 40 cm，也有部分倒 2 节芽因保护段不足或干枯死亡，或潜伏芽不能正常发育成穗，一般留桩高度达到 45 cm 以上，倒 2 芽成活率才能达 90%以上。倒 2 节芽存活率低，不仅影响再生稻有效穗，同时对每穗总粒数也有很大影响。虽然高留桩增产，但是留桩太高，还要考虑再生稻生育期长短与留桩高度的关系。据试验，当留桩高度在 20～40 cm 范围内，再生稻的齐穗期有随留桩高度的增加而提前的趋势，综合各地试验结果，留桩每提高 10 cm，齐穗期平均提前 3 d 左右。因此，一般留桩不能过高，以 35～40 cm 为宜。要夺取再生稻高产，在栽培措施上，迟熟杂交稻组合必须有利于充分发挥倒 2 芽穗和倒 3 芽穗的增产作用，促进倒 2 节芽和倒 3 节芽适时分化成穗，施用促芽肥就是一项重要的促进措施。据湖南省桃源县粮油站和千山红农场试验，头季齐穗后 10 d 每亩追尿素 5 kg 作促芽肥的，潜伏芽在头季稻收割后

1～2 d即伸出母茎，每亩有效穗32.6万，每亩产量358 kg，倒2、3芽占产量93.6%；而未施促芽肥的，潜伏芽在头季稻收割后3～6 d才相继伸出母茎，虽收割后当天每亩同样追施5 kg尿素，但每亩有效穗30.4万，每亩产量302 kg，倒2、3节穗只占产量81.4%。表明追施促芽肥确是一项增穗增产措施。

留桩高度不同，再生稻产量也不同。汕优63留桩40 cm以上时倒2节芽保留率才达95%以上，湖北省荆州地区农业局观察，在留桩10～50 cm范围内，再生稻产量与桩高呈正相关（表8-7）。

表8-7　不同留桩高度对再生稻经济性状的影响

留桩高度/cm	亩蔸数/（万蔸/亩）	有效穗数/（万穗/亩）	每穗总粒	每穗实粒	空秕粒率/%	千粒重/g	实际产量/（kg/亩）
10	2.14	10.93	47.9	37.2	22.0	24.8	70.0
20	2.14	15.86	42.1	31.6	25.0	23.5	131.5
30	2.14	22.50	37.0	27.4	26.0	23.3	176.5
40	2.14	24.64	40.1	31.2	22.0	23.1	228.5
50	2.14	31.07	45.0	33.1	26.5	22.5	238.4

表8-7说明留高桩能保住全部可再生的节位，有利于多发再生芽和争取高位节，有效穗数多，产量亦随之提高。

第四节　再生稻的高产栽培技术

再生稻是头季稻茎上休眠芽发育成穗的，这决定了再生稻对头季稻的依赖性。因此，头季稻的栽培水平直接影响再生稻性能及产量。为此要采取相应的栽培技术，突出抓好确定适宜的组合，早播早插，合理密植，适留高桩，加强管理，夺取头季高产。

一、选用良种，搞好合理布局

因地制宜选用适宜组合是争取高产的前提。不是所有的杂交稻组合都能用作再生栽培，再生稻栽培的杂交籼稻应具备以下条件：①具有高产、优质、抗性较好的丰产性状；②分蘖能力较强；③再生能力强，再生稻产量高；④茎秆坚韧不易倒伏，抗逆力强和生育期适宜。

在具体选定早、中、迟熟组合时，要根据再生稻种植的地域来确定。中稻-再生稻种植地域有三种类型。

1. 南方各省的山区中稻

如云南省再生稻分布较集中，主要分布在海拔 1 000～1 400 m，种单季稻热量有余，种双季稻热量不足的一季早、中籼稻区为重点发展地区，红河、思茅、文山、临沧和德宏等五个州蓄留再生稻面积占全省再生稻面积的 90%；四川省再生稻主要分布在种两季水稻热量不足，种一季水稻热量有余的川东南部低海拔河谷地区。因山区稻田立体分布，气温受海拔高度影响，有随海拔升高、气温递减、生育期延长的特点。因此，海拔高度不同，所选组合也有所不同。

2. 湖区地下水位较高的低湖田

原先习惯种两季，其中早季因气温低易僵苗，雨季渍涝严重。因此，只能种一季，如选用中熟组合，采取保温措施，把播期提早一些，就可蓄留一季再生稻。

3. 大型国有农场

虽温光资源充裕，可种两季水稻，因田多劳力少双抢过于紧张，改种一季杂交籼稻加再生稻能减轻劳动强度，错开农事季节。据湖南省在绥宁、隆回等山区县进行组合筛选（表 8-8），迟熟组合汕优 63 两季单产最高，每亩产量为 918.9 kg，中、迟熟组产量超过 800 kg 的依次为威优 46 为 894.9 kg、威优 64 为 887.8 kg、汕优桂 33 为 858.9 kg、协优 432 为 840 kg、威优优 64 为 835.6 kg、汕优 64 为 833.4 kg、威优 6 号为 807.8 kg；早熟组合超过 700 kg 的依次为威优 287 为 782.2 kg、威优 49 为 757.8 kg、威优 35 为 746.7 kg、威优 402 为 734.4 kg。绥宁县不同海拔高度杂交籼稻蓄再生稻试验表明，海拔每升高 100 m，同组合头季稻生育期延长 2～4 d，从头季稻收割至二季稻齐穗拉长 1～2 d（表 8-9）。

不同海拔杂交籼稻再生稻的产量情况说明，迟熟组合威优 46 在海拔 400 m 以下种植，比早中熟组合表现稳产高产；海拔升高到 500 m 处，迟熟组合反而低于早、中熟组合，到海拔 600 m 处，迟熟组合的二季基本失收。中熟组合威优 64 在海拔 500～600 m 处，表现出比早、迟熟组合稳产高产。早熟组合威优 402，在海拔 500 m 以下，产量表现一般，但在海拔 600 m 处，产量却表现出比迟熟组合高产。

综上所述，适宜于湖南省开发利用再生稻的杂交籼稻组合是海拔 400 m 以下的地方，以汕优 63、威优 46 类型的迟熟组合为主，搭配适量的中熟组合为佳；海拔 400～600 m 的地方，以选用威优 64 类型的中熟组合表现最好；海拔 600 m 以上的地方，应以威优 402、威优 438、威优 49 和威优 35 等早熟组合为主。

近年，湖南农业大学水稻研究所和国家杂交水稻工程中心合作选育的迟熟组合培两优 500，稻米外观品质好，米饭食味好。头季优势较强，产量高，田间抗性较好；再生能力强，再生稻高产、稳产，稻米品质优。该组合是一个很有发展前景的两系杂交水稻新组合。据湖南省调查，培两优 500 每亩头季产量达 450～500 kg，二季产量达 350～370 kg。

福建省最适宜地区以汕优 63 等迟熟类型组合当家。海拔 450 m 以下的适宜地域以特优 63、汕优桂 32、汕优桂 33 或汕优明 86 等组合为主，海拔 450～600 m 高的地方选用汕优 64 或威优 64 等中熟组合种植才能保证安全齐穗获得高产。四川、重庆、云南以及湖北均以汕优 63 为当家组合，其中云南的汕优 63 占全省再生稻面积的 80%以上。该组合在各省作中稻-再生稻栽培，表现丰产性好，适应性广，结实期比较耐低温，再生力较强。从目前再生稻种植面积较大的地区看，多数以迟熟杂交中籼稻为主，适当搭配中熟杂交籼稻；而在双季稻为主要耕作制度的地区，则以中熟杂交籼稻组合为主，适当搭配少数迟熟杂交籼稻组合。

表 8-8 杂交水稻不同组合再生稻产量

组合		亩产量/kg			再生稻经济性状						
		头季	再生季	合计	株高/cm	穗长/cm	有效穗/穗	每穗总粒/（粒/穗）	每穗实粒/（粒/穗）	结实率/%	千粒重/g
早熟组合	威优辐 26	518.9	137.8	656.7	49.7	13.8	20.6	36.4	29.3	80.5	24.6
	威优 438	510.0	160.0	670.0	48.2	13.3	21.0	45.0	37.2	82.7	21.0
	威优 402	574.4	160.0	734.4	50.3	14.2	21.0	46.1	38.5	83.5	21.3
	威优 49	546.7	211.1	757.8	54.2	13.8	21.8	50.9	41.5	81.7	23.4
	威优 35	551.7	195.6	747.3	54.8	13.6	21.6	51.4	34.6	67.3	23.5
	威优 287	557.8	224.4	782.2	54.7	13.7	25.5	50.4	38.6	76.6	24.6
中熟组合	威优 64	582.2	305.6	887.8	57.8	15.8	31.5	49.8	39.4	79.1	26.7
	协优 64	536.7	298.9	835.6	57.0	15.4	26.3	56.0	49.4	88.2	24.8
	D 优 64	541.9	207.8	749.7	62.8	14.8	25.8	52.6	35.9	68.3	23.4
	协优 432	576.7	263.3	840.0	59.2	15.5	29.0	47.2	36.4	77.1	25.0
	威优 140	564.6	175.6	740.2	57.9	16.2	20.6	50.7	32.6	64.3	26.5
	汕优 64	564.5	268.9	833.4	57.0	13.4	36.5	39.2	29.1	74.2	24.0
迟熟组合	威优 46	592.2	302.2	894.4	70.4	18.1	29.8	64.0	36.1	56.4	27.7
	威优 6 号	547.8	260.0	807.8	70.4	15.9	27.0	52.6	34.9	66.3	27.6
	汕优桂 34	576.7	220.0	796.7	57.9	16.0	32.0	57.9	32.9	56.8	23.2
	汕优桂 99	556.6	242.2	798.8	71.6	16.0	36.3	58.9	33.4	56.7	23.0
	汕优桂 33	574.5	284.4	858.9	72.9	17.6	30.8	63.7	43.5	59.0	23.7
	汕优 63	573.3	345.6	918.9	75.5	17.6	33.5	67.2	45.1	67.1	25.4

表 8-9 绥宁县不同海拔再生稻产量情况表

kg/亩

组合	海拔 400 m				海拔 500 m				海拔 600 m			
	头季	二季	合产	再生率/%	头季	二季	合产	再生率/%	头季	二季	合产	再生率/%
威优 46	592.4	243.3	835.7	120.7	560.7	104.6	665.3	126.7	490.7	0	490.7	230.7
威优 64	570.6	240.7	811.3	112.6	551.5	220.7	772.2	120.7	537	174	711	127.6
威优 402	510.0	210.7	720.7	98.7	490.3	197.0	687.3	96.4	460.5	187.6	648.1	100.4

说明：再生率＝每亩再生苗/每亩主茎数，包括无效苗。

据调查，湖南省洞庭湖区低洼田或劳力少田多的双季稻区为了获得高产，仍以迟熟杂交稻品种为主，搭配少量中熟杂交稻品种。湖南省1994年审定的丝优63，1996年审定的金优63、培两优288，都以其米质优良、丰产性好、再生能力强而受到湖区农户的欢迎，具有广阔的推广应用前景。

进入21世纪，再生稻品种选用产量高、抗逆性强、再生芽萌发快、成苗率高的杂交中籼稻、籼粳杂交稻。湖北省主推的品种为丰两优香一号、天两优616、两优6326、甬优4949等杂交品种，常规稻推广福稻99、黄华占等品种。

二、种好头季稻

1. 适时早播早栽，保证早熟早收

头季杂交籼稻的播种期的确定，要考虑头季稻抽穗扬花期应避过高温天气的危害，因为连续3 d日均温度高于35 ℃就有可能出现大量空秕粒；还要考虑杂交籼稻再生稻的抽穗扬花期避过秋季低温危害，再生稻抽穗扬花期对温度要求与杂交晚籼稻相同，即抽穗开花的适宜日均温度23～29 ℃，在秋季低温期，要求日均温度连续3 d不低于23 ℃，日最高气温不低于25 ℃，才能安全齐穗；也要考虑头季稻收割的适宜留桩高度，留桩太低，生育期推迟，不利安全齐穗。

头季稻播种到再生稻的成熟的全生育期一般为195～205 d，其中再生稻的生育期一般相对稳定为60 d左右，地处低纬高原地带的云南省，再生稻生育期为70 d左右。据观察，汕优63在云南头季生育期较长，为132 d，再生稻生育期只有64 d。汕优64和威优64头季生育期较短，再生稻生育期较长，为73 d。头季稻生育期因组合熟期不同而有变化，为135～145 d，早熟组合生育期短些，中、晚熟组合生育期长些。在适宜留桩高度下，头季收割至再生稻齐穗需25～35 d，应以杂交籼稻再生稻在当地安全齐穗期倒推25～35 d作为头季成熟期的临界期。再以此适宜成熟期和作为再生稻栽培的不同组合头季栽培的全生育期推算头季稻适宜播、插期。当日均气温稳定通过12 ℃时(保证率80%)，是杂交籼稻湿润育秧最早播种期，如果采用地膜覆盖育秧还可提早2～3 d，采用农膜覆盖旱育秧或软盘旱育秧，播种适宜温度可在日均温度

稳定通过 8 ℃，播种日期可提早 8～10 d，长沙历年日均温度稳定通过 8 ℃的 80%保证率为 3 月 23 日。

根据以上原则，在湖南省中低山区及湖区杂交中籼稻再生稻的安全齐穗期宜安排在 9 月 10—15 日。头季稻应于 3 月底至 4 月初播种，秧龄 35 d 左右，于 5 月上旬移栽完。在四川省东南部再生稻区域，若选用中熟杂交籼稻品种培植再生稻，要求再生稻在 9 月 15 日左右齐穗，头季稻在 8 月 10—15 日收割。因此，必须在 3 月 15 日前采用保温育秧方法播种，才能保证两季均高产。位于北纬 23°19′～24°06′的云南省石屏县，海拔 1 400 m 左右种再生稻，气候条件适宜，特别是早春气温偏高，中熟杂交籼稻品种头季全生育期长达 100 d 左右，再生稻安全齐穗开花期为 9 月 10—16 日，头季收割在 8 月 10 日前，其头季稻播种期可安排在 2 月 10 日采取保温育秧。福建省尤溪县在海拔 450 m 以下地区，迟熟组合安全播种期可安排在 3 月上旬至 4 月上旬（其中海拔高的地方早播，海拔低的地方迟播），头季 8 月中、下旬收割。

2. 采用宽行窄株栽培，创造适宜的群体结构

各地的试验与实践表明，迟熟杂交中籼稻汕优 63 等组合作再生栽培，栽培密度以每亩 1.6 万～1.8 万蔸为宜，争取有效穗 16 万～18 万穗；中熟组合如威优 64、威优 77 等组合作再生栽培，栽插密度以每亩 2 万～2.5 万蔸为宜，栽培密度以每亩有效穗 20 万穗以上为宜。为了协调个体与群体的矛盾，改善通风透光条件，减轻病害的发生，有利于提高再生芽成活率，采用宽行窄株栽培，宽行窄株即 33.3 cm×13.3 cm，宽窄行为（43.3＋23.3）cm×13.3 cm，这种栽培方式便于田间管理，通风透光良好，能减轻水稻纹枯病的发生，水稻根系活力强，能防止后期早衰和倒伏，延迟功能叶的光合功能期，保证植株生长健壮。在丘陵山区的冲垄谷地、塘库渠坡脚及平湖区的低洼地带，排水不良的深脚冷浸水田，采用起垄栽培，又叫半旱式栽培。稻田犁耙整平后，按一定的规格起垄，达到一沟一垄，沟垄相间，变土壤终年泡水或季节性淹水为亦水亦旱的环境。水稻栽培于垄上，以沟垄水持续湿润或淹没垄面的灌溉方式，为水稻经济性状好、产量高创造了适宜群体结构。它的好处是改善了根系活动的土壤通气状况；改善了田间水热状况；提高了光能利用率；能充分利用边行优势；提高了土壤养分的利用率；改善了田间小气候，减轻了病虫草害。

3. 合理施肥，防止早衰

头季稻肥料充足，不仅产量高，而且再生稻发苗多，有效穗多，成穗率高，产量也高。在施肥技术上，根据头季稻稻田土壤肥力状况，采取有机肥和无机肥配合，氮、磷配合施用，有利于头季稻的高产，特别是在头季稻增加有机肥施用量，对保持头季根系活力、防止早衰、提高再生稻萌发率具有重要作用。据试验，杂交水稻头季每亩产量要达到 550 kg 以上产量，才有利于培植高产再生稻。头季应每亩施纯氮 8～10 kg，氮：磷：钾＝1：0.5：0.5（促芽肥除外，其中有机肥占 30％～60％，底肥占 30％～60％，穗肥占 5％～10％），磷肥主要对促进秧苗生长和大田分蘖有作用，应全部作基肥，钾肥对于壮秆抗倒、增强抗病能力、提高结实率和培育再生壮芽有明显作用，可作基肥，也可部分作基肥部分作穗粒肥用。据湖南省怀化市农业科学研究所杂交籼稻再生稻肥料用量及施肥时期研究，影响头季稻产量的主要因子是肥料用量，以每亩施纯氮 10 kg、磷 5 kg、钾 8 kg 的产量最高。影响再生稻产量的主要因子是氮素用量，综合性状指标的最优生产条件是头季稻每亩施纯氮 8.75 kg（尿素 19 kg）、磷 4.5 kg（过磷酸钙 26 kg）、钾 7 kg（氯化钾 13 kg），再生稻每亩施纯氮 5 kg（尿素 11 kg），促芽肥和保蘖肥分别在头季稻始穗后 20 d 和收割后 3 d 内各施 1/2。

4. 适期收割，适当桩高

头季稻未成熟时稻株叶片光合产物主要运送到穗部籽粒中，当头季稻接近成熟期，稻株叶片的光合产物运输的方向已从头季稻的穗部转向稻株的茎鞘物质积累，尤其是可溶性糖的含量增加更快，为休眠芽萌发伸长奠定了营养物质基础。当籽粒成熟度达 95％到完熟时，头季稻籽粒对养分需求减少，多余的营养物质供给再生稻的幼穗，由此说明，头季稻收割太早，籽粒未能得到足够的养分充实，灌浆不足，千粒重会减轻，影响产量；头季稻过于成熟时收割，影响再生稻齐穗期往后推，不能安全齐穗，产量也会随之下降。因此，生产上确定收获适期，应根据不同组合类型，在立足高产的前提下，使再生稻发苗多成穗率高，并要保证再生稻安全齐穗。如在湖北省中熟类型杂交籼稻丰两优香一号、天两优 616 等可在 8 月上旬收割，迟熟类型角优 4949 等品种，籽粒成熟度慢，应尽量推迟到 8 月中旬收割，以增加再生芽的萌发量。为立足两季高产，必须考虑再生稻能安全齐穗，如安全齐穗

期定在 9 月 15 日，最迟收割期为 8 月 15 日前后。

头季稻的收割留桩高度对再生芽的合理利用起着决定性的作用，适当留高桩，能保住全部可再生的节位，有利于多发再生芽和争取高位芽；能多利用稻桩的营养，能多留较多的叶片面积，可直接成为再生稻的功能叶。确定适宜的留桩高度，是培育再生稻高产、稳产的一项重要措施。湖北省荆州市对不同节位再生稻经济性状的研究表明，杂交籼稻再生属于“秆苏优势型”（表 8-10），即地上各节再生优于地下各节再生。地上节再生以倒 2 节再生为主，占产量的 61.3%，它的穗数多、实粒多，其次是倒 3 节，占产量的 37%。这两个节的产量占总产量的 98.3%。同时，倒 2、3 节上的腋芽在头季稻齐穗后 12～15 d 开始幼穗分化，分化顺序由上而下，若割去倒 2 节，则穗发育的时间也有所推迟，全生育期也将推迟。再生稻生长可利用的时间只有 60 d 左右，湖南省桃江县留桩太低（15 cm），齐穗期推迟到 9 月 19 日，超过当地安全齐穗期（9 月 10 日）9 d，留桩 20 cm、30 cm、35 cm，齐穗期分别为 9 月 10 日、9 月 7 日、9 月 5 日。湖南岳阳市农业科学研究所对丝优 63 与汕优 63 倒 2 节的高度进行了调查，结果是丝优 63 倒 2 节平均长度 18 cm，全部距地面 30 cm 以内；汕优 63 倒 2 节平均长度 22.8 cm，其中距离地面 30 cm 高度的占 96.5%。倒 2 节休眠芽收割时平均长度丝优 63 为 3.81 cm，汕优 63 为 2.27 cm，考虑到既要 100%留住倒 2 节又要使其休眠芽不受损伤，丝优 63 留桩高 35 cm，汕优 63 留桩高 40 cm 即可。留桩高度试验结果表明，随着留桩高度的降低，再生稻收割至成熟所需天数均逐渐延长，每穗总粒数略有增加，千粒重略有下降，有效穗、结实率在留桩高 30 cm 以下显著降低，当留桩高 20 cm 时，汕优 63 结实率仅 41.8%，有效穗 10.3 万穗/亩；当留桩高在 30 cm 以上时，汕优 63 有效穗达 20 万穗/亩以上，丝优 63 有效穗达 27.9 万穗/亩。在 20～40 cm 的留桩范围内，高留桩的产量高些。由此可以进一步证明，汕优 63 类迟熟组合留桩高 40 cm，丝优 63 等中熟组合留桩 35 cm 较为适宜（表 8-11）。

5. 科学管水，严防病虫害

再生稻的头季稻管水原则基本同杂交早、中籼稻和常规稻，但为了使再生稻生长好、产量高，要注意增气养根、壮秆、护芽，晒田一定要到位，在

表 8-10　不同节位再生稻的经济性状

节位	株高/cm	穗长/cm	每蔸穗数	占总穗数比例/%	每穗粒数/（粒/穗）总粒	每穗粒数/（粒/穗）实粒	结实率/%	占产量比例/%
倒二节	75	17.5	7.4	52.8	75.0	60.6	80	61.3
倒三节	73	18.0	4.9	35.0	74.3	55.0	74	37.0
倒四节	72	13.6	1.7	12.2	44.2	7.2	16	1.7

表 8-11　汕优 63、丝优 63 不同留桩高度经济性状

项目		留桩高度/cm				
		40	35	30	25	20
汕优63	生育期/d	61.0	61.0	62.0	64.0	70
	穗总粒/（粒/穗）	65.2	63.8	65.7	66.4	67.1
	穗实粒/（粒/穗）	54.3	52.1	52.4	34.7	28.0
	结实率/%	83.3	81.7	78.9	52.2	41.8
	千粒重/g	24.6	24.4	24.9	23.7	23.0
	有效穗/（万穗/亩）	22.38	22.4	20.5	15.4	10.3
	理论产量/（kg/亩）	298.4	285.5	267.9	126.4	66.3
丝优63	生育期/d	59.0	59.0	60.0	61.0	63.0
	穗总粒/（粒/穗）	61.1	61.7	62.8	63.7	56.8
	穗实粒/（粒/穗）	51.7	53.8	50.5	46.7	34.2
	结实率/%	84.6	87.2	80.4	73.3	60.2
	千粒重/g	24.1	23.7	23.5	23.6	22.6
	有效穗/（万穗/亩）	27.6	28.9	27.9	24.7	18.3
	理论产量/（kg/亩）	343.3	368.2	331.6	272.3	141.7

头季稻有效分蘖终止期，即移栽后 20 d（抛栽后 15 d）开始落水晒田，晒至脚踩不陷泥、有足印、不沾泥为度。一般丘陵田和无水源的田不进行二次晒田，采取干干湿湿灌溉。凡冷浸深泥脚田还要进行第二次晒田，在头季稻齐穗后 15～20 d，结合灌水施促芽肥后，让其自然落干，直到收割，通过晒田增加土壤氧气，达到以水调气，以气养根，活根壮芽的目的。

病虫危害不仅造成头季稻减产，而且影响再生芽的萌发和再生率的提高。

影响头季稻产量的主要病虫害有纹枯病、稻飞虱、叶蝉和螟虫，要选用对口农药适时防治。在整体防治措施上，要坚持“综合防治，预防为主”的原则，采用高效低毒农药的新品种和新技术，选用抗病强的高产组合；播前进行药剂消毒处理，以减少农药用量，提高防治效果，提高统防统治的科技含量。

三、再生稻的高产栽培技术

再生稻高产，要发挥三大优势，第一个优势是高节位再生优势，再生芽是从地上部茎节上长出的秆芽，每个头季稻株茎秆至少有 4 个可供萌发的潜伏芽或是从泥下茎节长出来的泥芽。第一个优势是多穗高产优势，再生稻有效穗数与头季稻的比率一般是 1.5∶1，高产田块达 2.2∶1。第三个优势是速生特性，在头季稻成熟前，茎节上的潜伏芽开始萌发，并进入营养生长与生殖生长并进期，小穗开始分化，一般头季收割后 7 d 齐苗，20 d 齐穗，60 d 左右成熟。

1. 及时追施促芽肥和保蘖肥

再生稻一般在头季稻齐穗后 15 d 左右倒 2 芽开始幼穗分化，它与头季稻灌浆同步进行，到头季稻完熟期，地上部各节的潜伏芽都已分化，适时施用促芽肥，有利于新根生长；能使功能叶保持青绿，提高光合作用能力，并把多余的光合产物直接提供给潜伏芽生长发育，使再生芽成活率高，素质好。因此，及时追施促芽肥是促早发、争多苗、高成穗、夺高产的重要技术环节。再生稻从头季稻收割至成熟只有 60 d，没有明显的营养生长和生殖生长阶段。一般头季稻收割后 3～4 d 是出叶、分蘖的旺盛时期，需要较多的养分，因此，追肥要及时。中国南方中籼稻区气候，土壤条件不一，培植再生稻的品种也不相同，因而施用促芽肥的时期也不相同。重庆市合川县汕优 63 头季稻齐穗后 15～17 d（收割前 10 d）施肥产量高；湖南省汕优 63 在头季稻收割前 7～10 d，每亩施尿素 5～10 kg 作促芽肥产量高；湖北省以头季稻齐穗后约 20 d（收割前 10 d）施用，再生稻产量较齐穗后 15 d 和 25 d 施的，分别增产 48.3%和 82.4%。综上所述，促芽肥最佳施用时期，在肥力中等田块，留高桩的条件下，以头季稻齐穗后 15～20 d 每亩施用 8～10 kg 尿素为宜；肥力高、头季稻生长好的田块酌情少施；肥力低、长势差的田块可早施或多施。

头季稻收割后 7～8 d 正是孕穗的关键时期，需要较多的养分，要立即补施保蘖肥（又称发苗肥），以提高再生芽的萌发率，增加有效穗数、粒数和粒重。凡促芽肥不足，肥力差的田块，收割后 1～3 d，每亩追施尿素 4～5 kg 保蘖，有较好的增产效果。在再生稻抽穗 20%～30%时，用赤霉素、磷酸二氢钾或谷粒饱等植物生长调节剂叶面喷施，有减少包颈、防止卡颈、促进齐穗、增加有效穗的效应，也有延长叶片功能期和壮籽的功能。

2. 加强田间管理，确保一次全苗

争取头季稻收后的稻桩每蔸每株都能萌发再生芽，达到全田生长平衡一致，是再生稻高产栽培技术的基础。影响全苗的因素很多，应采取综合田间管理措施。劳动力充足时在头季稻人工收后要及时移出稻草，以免遮压稻桩，影响出苗，并及时扶正收割时被压倒的稻桩，防止在水温高的条件下稻桩腐烂，节上的腋芽闷死，要彻底清除田间杂草，避免与再生稻争光、争肥、争水。机械收割要顺着移栽行收割，两头转弯时尽量少碾压。加强再生稻的水分管理，主要是使水稻根系有良好的通气环境。在头季稻灌浆期起至发苗期，应保证土壤湿润为好，结合追促芽肥和保蘖肥，灌浅水，让其自然落干，有利于增强根系活力，促进发苗和全苗。再生稻植株较矮，叶片数少，叶片短而直立，田间通风透光好，病虫危害一般较轻。在病虫防治策略上，要认真抓好头季稻的病虫害防治，减少病源，降低成虫基数，控制头季稻的稻瘟病、纹枯病、螟虫和飞虱，特别要注意对再生稻危害较大的主要病虫害如飞虱、叶蝉、螟虫等的防治。此外，在头季稻收割后，如果遇连续晴热高温天气，应灌水 4～5 cm 深，降低田间温度，自然落干，以后保持以湿为主，干湿交替的管水方法，抽穗扬花阶段若遇寒露风天气，可灌 5～6 cm 深水保温护苗。

3. 适时收获

再生稻基本上是利用上、中位芽再生为主，采用高留桩的方法，一般上位芽早，分化时间长，下位芽迟，分化时间短，前期分化较慢，后期分化较快，这种分化特性，决定了再生稻上下位芽生育期长短不一，再就是机收轮碾压部分，抽穗成熟期参差不齐，青黄谷粒相间，所以，要想获得高产，争取部分下位芽产量，并且提高整米率，收割期不宜太早，应在全田成熟度达 90%以上时收割。

思考题

1. 我国南方地区发展再生稻有哪些意义？
2. 如何种好再生稻的头季稻？
3. 再生稻的再生季主要栽培技术有哪些？

第九章

直播稻栽培技术

直播与移栽是稻的两种种植方式。稻作本来是从直播开始的，后因直播缺苗多、草害重、产量低又不稳产等问题，才逐步被育苗移栽所代替。我国除了在气候寒冷、稻生长期短、人少地多的黑龙江、新疆、宁夏和内蒙古等省（自治区）的部分地区有水稻直播栽培外，育苗移栽已成为我国南北稻区的主要种植方式。但是，直播栽培有它自己的特点和适应范围，回溯到 20 世纪 50 年代初，我国很多国有农场种稻采取直播方式，只是因为产量较低，不少农场先后在 20 世纪 50 年代末与 60 年代初改为育苗移栽。但十多年的生产实践表明，农场采用育苗移栽，虽然多数能增产，但增加了成本，增产不增效，经济效益低。近年来，随着机械化程度的提高，化学除草技术的应用，以及水利设施的完善，各地又开始恢复直播栽培。

第一节　直播稻生产的发展

一、国内外直播稻生产状况

直播对国外许多产稻国家来说，占有更重要的地位。北美洲、欧洲、非洲、拉丁美洲以及大洋洲等一向都采用直播，在亚洲的印度尼西亚、菲律宾、印度、孟加拉国、斯里兰卡等国家，直播栽培也占有相当比例。在日本，直播也有一定的面积。

我国的直播水稻种植面积不仅在传统直播地区有明显扩大，在黄河与长江流域等传统移栽地区也有新的发展。在传统移栽地区，如福建闽侯、湖南湘潭，1956 年以来，先后试种直播水稻成功。1975 年闽侯荆溪、光明二大队早稻直播面积分别达到 41.3%和 48%；湘潭姜畲公社早、晚两季共播 202.4 hm^2，其中清泉大队早稻直播占全大队早稻的 47%。1982 年黑龙江、新疆的直播面积占水稻总面积 70%。随着水稻旱种技术的试验成功，在北方春天干旱、夏季多雨的地区，直播水稻表现出特殊的适应能力，在北京市郊区从无到有地发展起来，1983 年全市水稻旱种面积超过 8 666.7 hm^2，约占全市单季稻面积的 30%。在辽宁、河南、山东等省直播水稻也取得进展。1982 年山东省济宁地区小麦行间套种水稻 3 133 hm^2，1983 年辽宁省旱种 2 666.7 hm^2，河南省推广小麦茬水稻旱种 6 666.7 hm^2。即使在人口稠密的台湾地区，20 世纪 70 年代以来，也开展了直播技术的研究。

进入 21 世纪，随着农村青壮年劳动力向城市转移，传统的育苗移栽稻作生产因用工多、劳动强度大、效率低，已难以适应当前我国水稻生产发展的需要。水稻直播生产，不需育秧、拔秧、插秧等作业环节，大幅度节省了生产用工，减轻了劳动强度，还节省了育秧过程物化投入等，提高了劳动生产效益与经济效益，已成为一项不推自广的轻简化生产技术，种植面积迅速上升。据统计，2007 年全国直播稻面积为 217.3 万 hm^2，占水稻播种面积的 7.5%，近年来发展到 866.7 万 hm^2，占水稻面积的 1/3。湖北省近年来的直播面积进一步扩大，2017 年为 59.13 万 hm^2，2018 年为 80.15 万 hm^2，2019 年为 88.82 万 hm^2，2020 年为 103.51 万 hm^2，占水稻种植面积的 50%。事实表明，现在的直播已不再是过去原始的种稻方式，它具有新的特点。

二、直播稻生产特点

1. 全程机械化，劳动生产率高

直播省去了育秧和移栽的用工，而且耕、耙、播种、收割等实现了全程机械化，加上化学除草技术的运用，大大节省了水稻生产的用工量。据湖北省农垦局统计，20 世纪 60 年代五三、军垦、大沙湖等农场的机械化试点，直播水稻从耕地到收获入仓，每亩平均用工 3～3.5 个工日，比一般移栽每亩节省 2～3

个工日；军垦农场直播试验队 19 人，1980 年种植大小麦 2.07 hm^2、水稻 68.5 hm^2，大小麦平均单产为 1 005 kg/hm^2，水稻平均单产为 5 164.5 kg/hm^2，总产粮食为 37.5 万 kg，平均每人生产 1.95 万 kg，比人工移栽提高了 3.2 倍；江苏南通农场 1979—1981 年试种机械水直播，1981 年试点队农工 19 人直播 161.8 hm^2，总产为 103.5 万 kg，平均单产为 6 397.5 kg/hm^2，每亩从种到入仓实用 4.7 个工日，平均每人生产 5.45 万 kg。

2. 投入成本低，经济收益较高

直播栽培可节省秧田，避免所占用秧田的减产问题。20 世纪 80 年代，湖北省八里湖农场统计，直播比移栽每亩可净节省成本 4.5 元。江苏省南通农场机械化直播试点（1979—1981 年），每亩产量由 1979 年的 359 kg 提高到 427 kg，每亩生产成本由 84.41 元下降到 69.96 元，每 50 kg 稻谷成本由 11.76 元下降到 8.20 元，每亩盈余由 7.19 元增加到 37.21 元。

传统种植直播稻，在产量构成上，直播稻每亩穗数虽多，但每穗粒数较少，且不整齐。分蘖率较高，但分蘖成穗率较低，较多地依靠主茎成穗。根系入土浅，比移栽稻更易倒伏。

直播与移栽，从产量上来说，在粗放的栽培管理下，直播稻产量常低于移栽；但在适当的栽培管理下，也可以获得高产。新疆的水稻栽培以直播为主，原来由于耕作粗放，一般单产仅 100 kg/亩，近十多年来，通过选用高产良种，提高机械化程度与管理水平，水稻单位面积产量已大幅度增加，1979 年农垦 29 团农场 2 000 hm^2 直播稻田平均单产 5 550 kg/hm^2，其中 281.7 hm^2，平均单产 8 314.5 kg/hm^2。

湖北省农业科学院粮食作物研究所程建平等 2008 年用培两优 986 杂交品种，进行机插、撒播和人工手插秧对比试验，直播比手插方式水稻生育期进程加快，成熟期提早 9 d，叶片数减少，分蘖数量增多，有效穗数增多，每亩稻谷产量机械精量穴直播的 607.6 kg，比人工撒播 528.7 kg、人工手插秧 580.9 kg 分别增产 11.5%和 10.5%（表 9-1）。

3. 种植方式多，推广速度快

直播稻种植的方式有水直播和旱直播，有机械条穴播种和人工撒播，有单作直播和麦林套播等。与育秧插秧比较，操作程序简单，减少了机械和人力

表 9-1　不同种植方式下培两优 986 的产量构成及效益

处理	有效穗/（万穗/亩）	总粒数/（粒/穗）	实粒数/（粒/穗）	结实率/%	千粒重/g	理论产量/（kg/亩）	实际产量/（kg/亩）	产值/（元/亩）	效益/（元/亩）
机穴播	17.58	187.8	153.1	81.5	26.54	713.9	607.6	1 215.3	840.3
人撒播	15.25	171.9	138.2	80.4	26.35	557.3	528.7	1 057.5	687.5
人插秧	14.10	197.7	160.1	81.0	26.26	592.9	580.9	1 161.9	676.9

投入，近几年推广速度很快，确保了稻谷种植面积。据湖北省黄梅县的调查统计，直播稻生产面积，已由 2015 年的 21 066.7 hm^2 增加到 2020 年的 40 000 hm^2，除去 2016 年和 2020 年两个水灾年份，正常气候条件下，直播稻平均单产 591 kg（表 9-2）。

表 9-2　黄梅县直播中稻生产情况

年份	面积/（万亩）	产量结构					
		基本苗/（万株/亩）	有效穗/（万穗/亩）	总粒数/（粒/穗）	实粒数/（粒/穗）	千粒重/g	实产/（kg/亩）
2015	31.6	9.5	27.9	127.5	110.8	22.36	587.54
2016	31.2	9.9	30.3	100.3	62.9	22.36	362.23
2017	31.6	9.1	26.1	139.3	114.2	22.36	566.50
2018	59.1	8.9	26.3	146.5	119.6	22.36	597.83
2019	59.4	8.8	25.7	153.1	125.4	22.36	612.52
2020	60.0	10.3	29.6	105.2	76.9	22.36	432.62

注：千粒重使用的是黄华占审定数据；为便于统计产量结构，本表只统计了中稻（一季晚稻）。

第二节　直播稻的播种类型

直播栽培根据整地与播种当时的土壤水分状况，以及播种前后的灌溉方法，分为水直播、旱直播和旱种三大类型。

一、水直播

水直播是我国应用最广泛的一种直播类型。它的特点是，土壤经过旱耕

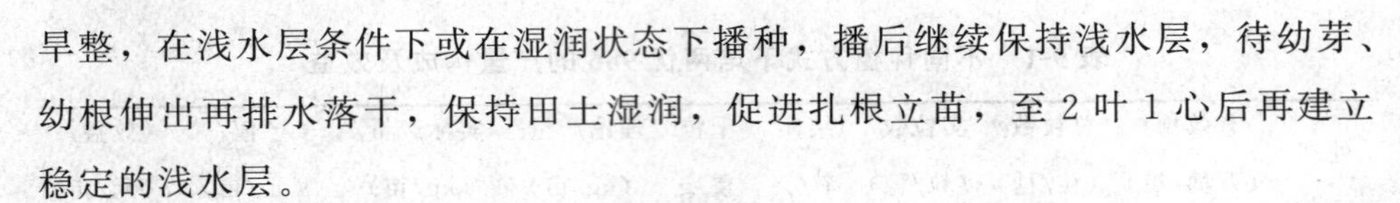

旱整，在浅水层条件下或在湿润状态下播种，播后继续保持浅水层，待幼芽、幼根伸出再排水落干，保持田土湿润，促进扎根立苗，至 2 叶 1 心后再建立稳定的浅水层。

1. 水直播的优点

水直播整地采用旱耕、旱整的作业程序，省工、田面容易整平，整地质量比旱直播好，灌水层稳定；水直播田面长期有水层覆盖，可抑制某些杂草滋生，草害较轻；水直播生长初期可利用灌水层的保温作用，提高泥温，防御冷害，促进水稻种子发芽，立苗成长，因此适于寒冷地区采用。

2. 水直播缺点

水直播扎根立苗阶段如果排水晾田不及时不彻底，或遇阴雨天气，常出现烂种、烂芽、浮苗、烂秧现象，造成缺苗；水直播农机具下水作业工效低，磨损大，增加成本；人员早春下水作业，劳动强度也大；水直播扎根浅，容易出现稻株倒伏。

水直播根据播种时土壤水分状况的不同，又分为水直播与湿润直播两种方法。

水直播法是在田面有浅水层覆盖的情况下播种，方法简便，但目前还缺乏高效的水直播机，飞机播种还未普遍应用。

湿润直播法是在播种前先排水，待泥土沉实后，在湿润条件下用动力播种机进行条播或点播，待种子附着畦面而不易被水冲动时，再灌水保持浅水层。

二、旱直播

旱直播是在旱田状态下整地与播种，稻种播入 1～2 cm 的浅土层内，播种后再灌水，建立稳定的灌水层，待稻种发芽、发根后，再把水落干，促进扎根立苗。待秧苗长出二片叶、冠根下扎，再灌水保持浅水层。

当前生产上基本上采用机械旱直播方式。湖北省农业科学院粮食作物研究所程建平，2012 年用广两优 476 品种进行不同密度试验，在行距 25 cm 的条件下，穴距设计 18 cm、21 cm、23 cm，结果是 21 cm 每亩产量最高（689.7 kg），其次是 18 cm（658.8 kg），再次是 23 cm（605.6 kg）（表 9-3）。

表 9-3 机械旱直播不同播种密度下稻谷产量构成

行×穴距/cm	密度/（万穴/亩）	有效穗/（万穗/亩）	总粒数/（粒/穗）	实粒数/（粒/穗）	结实率/%	千粒重/g	实际产量/（kg/亩）
25×18	1.48	18.15	176.2	128.2	72.77	29.62	658.8
25×21	1.27	17.23	184.5	145.6	78.90	29.17	689.7
25×23	1.16	14.60	189.1	146.3	77.37	29.52	605.6

1. 旱直播的优点

旱直播耕耙和播种作业均在灌水前进行，劳动强度低，机具作业工效高，磨损小；旱直播整地、播种作业不受灌溉水源的限制，可提早作业，不违农时，在水源短缺之处，如新疆、吉林中西部稻区多发展旱直播；旱直播把稻种播入土层 1～2 cm，分蘖节处于土层内，抗倒能力比水直播强。

2. 旱直播的缺点

旱直播由于整地不采用水平作业，土面不易整平，导致播种深浅不匀，使出苗不齐，甚至发生缺苗断垄；旱直播田土未经水耙，土壤渗漏量大，不仅灌溉用水量大，且在灌水初期不易建立稳定的灌水层，杂草比水直播稻田多。

三、旱种

旱种同样是在干田状态下直播，它的特点是播种较深，播后不灌水，一般靠底墒发芽、扎根、出苗（土壤墒情不足时，灌溉墒水后播种）；出苗后，经过一个旱长阶段再开始灌水。黑龙江称之为深覆土旱直播，河北芦台农场称之为幼苗旱长。河北农村在低洼易涝地上种植的“等雨稻”，可以说是水稻旱种的雏形。

1. 水稻旱种的主要优点

旱种节约灌溉用水量，整地、播种基本不用水，出苗后的旱长阶段也不灌水，其始灌期，可根据当地水稻生长季节的长短，采用品种的主茎叶片数以及灌溉水源情况等，选定适宜的叶龄开始灌溉，这种方式特别适宜于春季缺水和夏秋雨水丰足的地区采用。1973 年北京市农业科学院作物育种栽培研究所测定，旱种每亩用水量为 200～300 m^3，仅为移栽的 1/4～1/3，黑龙江省桦川水利试验站和佳木斯农业试验站测定，旱种每亩用水量 439.3 m^3，旱直播为 605.5 m^3，旱种比旱直播节省用水 27.4%；旱种稻种入土 3 cm 左右，依靠底墒水出苗，有较高的出苗率与成苗率，又由于稻苗在好气状态下成长，先扎根后出苗，支根、毛根及根毛发达，耐旱力强，抗倒伏能力也较强；旱种土壤通透性好，生长中、后期，土壤氧化还原电位较高，根系活力保持时间长，后期生长清秀，有利灌浆结实。

随着生产的发展，水稻旱种已推向北方有灌溉条件的旱粮地区，如辽宁和河南等地区。旱种稻的整个生育期均不淹灌，只是像小麦和玉米等旱作物那样灌溉，由于用水少，有更广的适应范围。

水稻旱种技术有平播与套播两种方法。平播指的是在一年一熟的冬春空闲田上，或在一年二熟的油菜茬和小麦茬上，经过翻耕整地再播种的方法，这是当前水稻旱种的主要方法。套播是在前茬作物预留的空行上播种水稻，目前生产上实行的主要是麦稻套播，在小麦出穗前把水稻种子按计划播在小麦行间，麦收后再灌水，多争取到 40 多天的生长期，可提高水稻产量。

2. 水稻旱种存在的缺点

旱种整地费工，质量要求高，整地质量如若达不到要求，缺苗断垄现象严重，并会降低化学除草效果，重黏土地区水稻旱种，整地难度更大；旱种稻田土壤未经水耙，渗漏量大，不易建立稳定的灌溉水层，跑水漏肥，而且无法进行拉荒洗盐，盐碱土地区采用水稻旱种困难较大；旱种稻田前旱后湿，是多种杂草滋生的良好条件，因此，旱种稻田的草害比移栽及水、旱直播稻田都严重，除草不及时、不彻底是旱种失败的主要原因；旱种的旱长期间，稻苗发育迟缓，全生育日数比同期播种的水、旱直播明显增多，旱长时间越长，延长的日数越多。

四、直播稻的播种方法

随着农业机械化的快速发展，直播稻逐渐步入全程机械化操作。当前直播稻的播种方法由传统的人工撒播，不断创新到人工器械喷播、机械条播和无人机飞播。

1. 人工器械喷播

选用喷洒农药的机动喷雾器，将喷雾器的喷头取下，就可以喷洒播种。

2. 机械条播

选用专用的水稻机械播种机进行播种。旱直播多用拖拉机牵引小麦或油菜精量播种机进行条播；水直播除应用水稻直播、施肥一体机外，还可以用高速乘坐式插秧机牵引水稻直播机播种，有条播和条穴式点播两种播种机。

3. 无人机飞播

随着信息技术和农业机械新产品的开发与应用，植保无人机更加智能化，将其原有的喷洒组件更换成播撒组件，就可以飞播稻种，并且可以通过飞行高度、速度和幅宽的设置，精确控制播种量，作业质量好，效率高，成为当前水稻水直播的主要方式。

第三节　直播稻的生长发育

直播稻秧苗没有经过拔秧断根与移栽返青的过程，在生长发育、器官建成以及产量构成上不同于移栽稻，直播稻本身还因直播方法不同（水直播、旱直播、旱种）也有些差别。

一、发芽与出苗

不论水直插还是旱直播，播种后种子都处于灌水层下，由于水中含氧量小，不能满足稻种正常发芽成长的需要，结果是芽长根短，不利扎根立苗。因此，水直播稻在幼芽、幼根露出颖壳后，要及时排水露田，使种芽接触充足的氧气，这是争取全苗的关键措施。

旱种稻恰好相反，种子播种在疏松的土层内，土面无水层覆盖，空气充足，只要水分适宜，就能正常发芽成长，而且先扎根后出苗，根深芽短，幼苗健壮。因此，保证土壤有足够的墒情，是旱种争取全苗的关键措施。试验结果表明，土壤水分在最大持水量45%～95%的范围内，旱种稻种子的出苗率均可达到90%以上，但其出苗速度随着土壤水分增多而加快。在土壤水分为45%与55%时，平均出苗日数，分别为10 d与9.2 d；在土壤水分为75%

和95%时，平均出苗日数，分别为8.6 d和8.2 d。以土壤最大持水量的75%～95%为旱种稻出苗的适宜土壤水分含量。

旱种稻，幼芽必须顶出覆土层才能出苗，因此，幼苗顶土力的大小直接关系到出苗的好坏，播后镇压可提高幼苗的顶土力，点播或增加播种量也可显著提高出苗率。稻苗的顶土力，以不完全叶最强，鞘叶其次，第一完全叶出现，顶土力就锐减。因此，旱种稻的播种深度以保证不完全叶能伸出土面为原则，播种过深、第一完全叶在出土前伸出，容易造成缺苗。

二、分蘖与成穗

直播稻与移栽稻的分蘖、成穗特性有很大差别。移栽稻前期密集生长在秧田内，又有移栽断根的影响，所以，着生分蘖的节位一般为第4～8节，第1～3节位分蘖芽均处于休眠状态而不能长成分蘖；直播稻着生分蘖的节位一般为第2～6节，分蘖节位较低。广西农学院用杂交稻进行水直播与移栽对比试验，基本苗同是每亩4.2万株，最高茎蘖数直播的田达33.7万个/亩，移栽的田仅为23.7万个/亩。成穗率分别为65.93%和73.83%。直播稻有分蘖节位低、分蘖率高、成穗率低的特点。

旱种稻的分蘖特性由于苗期受旱时间长的影响而与水、旱直播不同。据中国农业科学院作物育种栽培研究所盆栽试验观察，旱种稻在4叶期开始灌水，分蘖重心在第3节位蘖群；而旱直播稻在齐苗期开始保水，分蘖重心在第2节位蘖群，二次分蘖数也较多，单株最高分蘖数13.2个（包括主茎在内，下同），而旱种稻仅11.3个。分蘖成穗率则以旱种为高，达82.3%，而旱直播只有67.8%。

旱种稻的分蘖还因旱长期间的长短、灌溉期的早晚，有显著的差别。不同灌溉始期的试验结果表明，随着灌溉始期的延迟，低位分蘖受到明显抑制，而高位分蘖及二次分蘖却得到促进。2叶期开始灌水，旱长15 d，单株最高茎数12.6个，其中二次分蘖茎占52.3%；10叶期开始灌水、旱长67 d，单株最高茎数达17.0个，其中二次分蘖茎占59.8%。

旱种稻的分蘖率还受旱长期间土壤水分的影响，在田间最大持水量45%～95%的范围内，土壤水分越少，分蘖率越低，但分蘖成穗率较高。这

种差异主要来自二次分蘖。例如，土壤水分为45%时，单株最高茎数为9.60，二次分蘖茎占44.2%，分蘖成穗率85.9%；土壤水分为95%时，单株最高茎数12.33，二次分蘖茎占79.3%，成穗率为68.1%。当然，在圃场试验和实际生产中，旱种稻的分蘖率达不到盆栽试验这样高的水平。北京地区旱种主要推广品种藤稔，在历年品种比较试验中，平均单株最高分蘖数为2.0～2.7个，在旱地条件下，分蘖率还要更低些。周毓衍等试验，全生育期未曾灌水，完全依靠自然降雨，单株最高茎数1.48个，分蘖成穗率46.5%。

三、根、茎、叶的生长

（一）根的生长

直播稻与移栽稻根系的发育及分布存在着最明显的差别。移栽稻受拔秧断根的影响，移栽后萌发的新根多横向伸展；水旱直播稻播种浅，发根旺盛，不论横向、纵向伸展的根系均比移栽稻多；旱种稻由于播种较深，苗期旱长，发根较少，根系多向纵深伸展。以后随着生育的进展，移栽稻竖根增多，向纵深发展，而水旱直播稻则横根增多，向浅层发展，根系多分布在土壤浅层，成为水旱直播稻容易倒伏的一个重要因素。

水稻根系由茎基部分蘖节上萌发。直播稻的不定根组成，据广西农学院、江苏南通农场观察发现，单株根数、根长、根重均显著超过移栽稻，这种差异直到孕穗期还能观察到。水（旱）直播稻前期发根旺盛，又多分布在肥沃的浅层，前期生长易于过旺，而中后期易出现早衰。

旱种水稻在旱长阶段萌发出来的根，分枝多，枝根、毛根和根毛都较水、旱直播稻发达，吸收面积大，吸水力强，具有旱田作物根系的某些特征。开始灌水后土壤含氧量骤减，氧化还原电位急降，多数旱生根由于不能适应而死亡，少数存活下来的继续伸展，并大量萌发新根，形成水生根系，与水直播稻、移栽稻无明显差别。但由于旱种稻田通透性好，淹水期间短，土壤氧化还原电位高，使旱种稻根系在后期还能保持较高的活力，具有较强的氧化能力，因此水（旱）直播稻通常存在的早衰倾向，但在旱种稻上表现不明显。

（二）茎的生长

直播稻与移栽稻茎的生长习性也不同。移栽稻于苗期受秧田期密生和移栽伤苗的影响，前期株高生长较为缓慢，水（旱）直播稻则生长较快。到分蘖盛期，直播稻分蘖迅速萌发，单位面积内茎数增加，而株高生长则转缓，渐渐落后于移栽稻，至成熟期，直播稻的株高一般矮于移栽稻。

广西农学院水稻直播试验指出，在水直播时，主茎拔节比移栽稻早，最后伸长节数均为5个，但水直播主茎基部第一节间明显比移栽的长，而顶部第一节间则比移栽的短。这样的茎态是造成水直播稻易于倒伏的又一个重要因素。

旱种稻的株高，由于前期受土壤水分的限制，生长十分缓慢，株高明显低于水旱直播。开始灌溉后，株高生长转快，仅20 d左右就赶上了旱直播稻，呈前慢后快的趋势。灌溉始期的早迟，也影响旱种稻的株高，不同灌溉始期盆栽试验结果表明，以4叶与6叶期开始灌溉的稻，株高最高。灌水期过早与过迟，株高都略低。

（三）叶的生长

水稻不同种植方式的总叶数没有差别，但对出叶速度与叶片大小有明显的影响。移栽稻秧苗密生在秧田里，移栽后又受返青的影响，第四至第七叶的出叶速度明显延迟，第八叶以后再加快。广西农学院试验表明，分蘖期（5月17日）水直播的单株叶数、叶面积以及叶干重均比移栽的大，但幼穗分化后（6月7日）即被移栽稻赶上和超过。反映水直播前期生长旺盛，后期生长缓慢。

旱种稻出叶速度在旱长期间受土壤水分的限制，比旱直播显著延迟，土壤水分越少，差距越大。但开始灌溉后，出叶速度明显加快。土壤最大持水量45%～95%的范围内，13叶起均先后赶上旱直播。成熟期主茎叶数无大差别。

在叶面积动态上，旱种稻与移栽稻比较每亩苗数10万株，在生长前期，不论平均单蘖叶面积或群体叶面积指数均以旱种稻为高，最高叶面积指数为5.1，而移栽稻只有4.5。但由于旱种稻发育较快，8月11日前后齐穗后，叶面积就直线下降，而移栽稻至9月5日以后才明显下降。因此，后期移栽稻叶面积处于领先地位，旱种稻叶面积前高后低，对后期光合生产是不利的。

四、生育期与产量构成

直播稻没有移栽返青期，在良好的水、肥条件下，苗期发育较快，全生育日数比育苗移栽的短。适期播种的，水（旱）直播一般比育苗移栽的全生育日数少 10 d 左右。但直播稻没有秧田期，本田生育日数比移栽的长，加以播种较晚，成熟多迟于移栽稻。

旱种稻的生育期由于受旱长期间土壤水分的限制，出叶速度比旱直播的慢，出穗、成熟也较晚，旱长时间越长，出穗越迟。中国农业科学院作物育种栽培研究所试验表明，主茎叶数 13 片，5 月 7 日播种，2 叶期开始灌溉，旱长 15 d，平均出穗日数 91.6 d；4 叶期和 6 叶期开始灌水，旱长分别为 25 d 和 38 d，平均出穗日数延长 2.5 d 和 5.8 d，8 叶期和 10 叶期开始灌溉，旱长 53 d 和 67 d，平均出穗日数均延长 17 d。试验结果还表明，6 叶期是北京地区早中熟品种（主茎叶数 13 片）的灌溉临界期，延迟灌溉不仅影响茎叶的生长，还阻碍幼穗及时分化发育。

直播稻产量构成要素的共同特点是每亩穗数多而每穗粒数少，结实率与千粒重则因不同直播方式而有差别。例如，湖北国有农场试验表明，水直播的结实率、千粒重与移栽无明显差异。但旱地种稻由于整个生育期生长在旱地土壤中，特别是受中后期土壤水分不足的限制，结实率显著降低。辽宁农业科学院作物育种栽培研究所试验表明，23 个品种的结实率，移栽为 77%～98%，平均 88.9%；而旱地种稻为 11%～89%，平均 66.4%，比移栽平均低 22.5 个百分点。吉林省农业科学院水稻研究所对 14 个旱种田块产量结构分析的结果表明，亩产 325～450 kg 的范围内，每亩穗数平均 34.4 万±2.86 万，每穗粒数（53.6±5.6）粒，结实率 94.9%，千粒重 25.2 g。

每穗粒数少是提高旱种产量的主要障碍，而穗型大小不整齐又是每穗粒数少的一个重要原因。北京市农业科学院作物育种栽培研究所的研究结果表明，群体的主穗率与穗长变异系数呈显著的偏相关（$r=0.661\,5$），主穗率越高，不带分蘖穗的主穗越多，稻穗越不整齐。中国农业科学院作物育种栽培研究所为了探讨提高旱种稻每穗粒数的途径，通过降低基本苗，改进肥水措施，设计了三种不同结构的旱种群体，进一步肯定了降低主穗率对提高每穗粒数的作用。试验结果表明，穗形发育随着主穗率下降而穗长增加，穗长变异系数减小，每穗粒数增加。具有与移栽稻群体发育相同的规律，所以，随着栽培技术的改进，直播稻的播种量应趋向减少。

第四节　直播稻高产栽培技术

直播稻的增产技术，首先在于保全苗，达到苗齐苗壮；其次是防除草害，移栽稻的秧苗比较高，田面又有水层覆盖，便于封闭除草，不利杂草滋生，而直播田水稻与杂草种子在一起发芽成长，杂草先出土占据了优势，趁水稻幼苗扎根立苗阶段排水晾田的机会，繁殖滋生，为害稻苗；再次是防止倒伏，直播稻种浅播在土壤表层，分蘖节裸露田面，根系入土浅，加上苗数多、分蘖率高、封垄早，基部节间细长，容易发生倒伏，不仅空秕粒增加，千粒重降低，而且造成机械收割的困难和稻谷的损失；最后是防止冷害，水、旱直播稻全生长期比移栽稻短，但本田生长期比移栽稻长，旱种稻的本田生长期更长，再由于直播稻田的播种适期比育苗迟，如采用原有移栽的品种供直播栽培，出穗期就会延迟，不能适时齐穗，可能遭遇冷害。

一、整地

1. 整地要求

整地的质量首先要求田面平整，同一块田内寸水不露泥；其次要求耕层深厚松软，没有裸露地表的残茬、杂草，这样，播种与灌水深浅才能均匀一致，出苗整齐。如果田面高低不平，会影响种子发芽、扎根、立苗，降低出苗率。吉林省农业科学院水稻研究所调查结果表明，田面平整不仅苗数多，而且长势好，叶色绿，分蘖多，穗数多，产量高。

2. 整地方法

直播稻田的整地方法分旱整地与水整地两种。旱整地工效高，机具磨损小，土壤结构受破坏少。但整地时，对土壤水分有一定的要求，适耕水分为

田间最大持水量的40%～45%，太干、太湿均不适宜耕作，而且平整度差。水整地不受土壤水分的限制，保持3～5 cm水层就可以耕耙，整地质量好，而且可以减少渗漏，但机具工效低，磨损大，土壤结构破坏多。因此，北方春播季节雨水少的地区多采取旱整地方法，水直播栽培技术中多采取旱整水平的方法，先旱整、灌水后再水平。辽宁盐碱地利用研究所测定结果表明，旱整水平的水直播稻田比水整的稻田，土壤孔隙度增加5.42%，容重降低0.13 g/mL，氧化还原电位提高113.5 mV，泡田用水量节省15%～20%。而且“旱整水平”整地法不受灌溉水的限制，可提早耙地，错开作业时间，提高机具利用率。南方多雨地区，整地时雨水多，土壤湿度大，不适旱耕旱耙，多采取水整法。

旋耕机通过旋转的犁刀掘松土层，田面平整，土块松碎，耕深一致，一次作业就达到整地的质量要求。镇压是旱直播整地又一重要作业，用以破碎土块、平整田面，使播种层松紧一致，以保证播种深浅均匀。因此，镇压在旱种整地中具有比其他直播方式更重要的意义。北京市大兴县的旱种经验表明，黏土和黏壤土经过秋耕冬灌，土块夜冻昼晒，质地松解，早春及时耙耢镇压保墒，使土层达到上实下虚，适于播种。播后镇压，还有利除草剂喷施均匀，提高药效。

湖北军垦农场研制的水田自控平田机，以水面为基准，由水平信号器自动控制，液压操作平田机升降，与拖拉机配套，每班工效可达5 hm^2，平田质量好。

二、选用良种

选用早、中熟性品种是直播稻必须具备的条件，这是因为直播稻的播种期不论在温暖的南方或寒冷的北方均比移栽稻晚，品种如果不早熟，就不能保证安全成熟。

此外，直播的方式不同，对品种的要求也不同，水旱直播特别要求品种抗倒能力强，而水稻旱种则特别要求品种的旱长适应性。例如，水稻旱种要求品种顶土力强，出苗快，耐旱，苗期生长繁茂，灌溉开始后长势恢复快等。

旱地种稻更重要的是选用耐旱性强的品种，辽宁省农业科学院作物育种栽培研究所试验结果表明，水稻品种在旱种条件下，其出穗日数、株高和结实率等性状的变异最大。供试的26个品种，旱种的出穗日数比移栽在水田的平均延长12 d，最多的延长25 d；株高平均降低15.1 cm，最多降低38.6 cm；结实率平均降低22.5%，最多降低75%。可见，适于旱地种植的品种必须是在旱地条件下出穗日数、株高和结实率变动较少的品种。

三、播种

（一）适期播种

直播稻播种期受前茬作物的影响，南方地区的湖北、江苏、浙江一带的中稻多在5月下旬至6月上旬播种。黑龙江为了错开农活，水稻旱种常在5月10日前播完，以便5月中旬及时开始水直播的播种。在水稻生育期短的北方稻区，适时早播，可以延长水稻的生育期，并有利于安全出穗和成熟，防止冷害，提高产量。但是过早播种，由于气温低，出苗日数增加，出苗不齐，出苗率降低，甚至缺苗，也达不到增产的目的。因此，黑龙江省以5月中旬播种为宜，吉林为5月中旬，辽宁为5月10日前后，由北向南依次提早。

（二）播种密度

南方稻区播种密度适当稀一些，北方稻区，尤其是高寒稻区，水稻有效分蘖期短，分蘖利用率低，多数品种生长繁茂性差，植株较矮小，每穗粒数较少，播种密度要适当密一些，靠基本苗来增加穗数，提高产量。据黑龙江省农垦科学院水稻研究所试验表明，分蘖的利用随氮肥的增加和密度降低而提高。在当前的土壤肥力及每亩施尿素13.4 kg和保苗500～600株/m^2的密度下，分蘖穗在总穗数中的比重仅占15%～16%。

（三）播种技术

播种前，种子要进行精选、晒种、消毒和浸种等措施，以提高种子发芽率。

1. 水直播法

水直播的形式有点播、条播、撒播和飞机播等。

（1）点播　点播的行穴距一般为20 cm×20 cm、20 cm×10 cm、20 cm×

16.7 cm、16.7 cm×13.3 cm 等。每穴留苗 7～10 株。生育期短的稻区 10～15 株。每亩播种量 10～12 kg。有机械点播与人工点播之分。

（2）条播　湖北五三农场研制的东风-16 行直播机具有平厢、开沟、起垄、下籽均匀的优点，将种子播在稀泥形成的小垄上，半粒入土，降小雨或灌水，不会使种子漂浮，又有利排水和芽谷通气扎根。

（3）撒播　撒播可使种子分散，秧苗前期生长良好，但后期通风透光不如条播，因而，要求播种均匀。人工撒播时，一般将种子分两份，先播后补，进行纵横交叉播种；或用机械播种，以提高播种的均匀度。

（4）飞机播　飞机播有适时、高效、进度快、省劳力、抢季节、不违农时等优点。飞机作业，要求地块长，空转时间少，落粒均匀。我国制造的运五型农田飞机，配有播、喷设备，可完成播种、除草、治虫和施肥四项作业，能超低空飞行，速度快，功效高，作业时间短，批量播种面积大，只适宜在北方大型农场使用。近年来，各地采用无人机飞播，适应性广，推广速度较快。

2. 旱直播法

（1）浅覆土播种　在播种机开沟器上附有控制播种深度的控制器，将播种深度控制在 1 cm 左右。此法根系发育良好，植株生长健壮，有利防止倒伏。必须注意播种后的灌溉管理，采用湿润灌溉，既有利于种子萌发出苗，又可诱发稗草，提高除草效果。

（2）种子附泥播种　播种前将种子浸湿拌附细土，使颖壳黏附一层薄薄的泥土，待阴干后，用播种机将种子播在地表上。由于种子附泥，播种后初灌时，种子不会漂浮移位。有利于种子萌发出苗，灌水深度以 3～5 cm 的浅水层为宜。待立针期落干露田，以利扎根，促进生育。

（3）旱种播种　播种方式有条播和点播，以条播为多。点播一穴播 10 粒种子，出苗时顶土力强。条播时种子散落，顶土力较弱，如整地质量不良，或遇雨后土壤板结，出苗率就会降低。但条播作业效率高，为克服条播顶土力弱的缺点，可在稻苗即将出土前，浅耙地破除表土板结，助苗出土，还可兼除苗前杂草。

旱种出苗日数与温度、土壤水分和覆土厚度密切相关。温度 12 ℃时需 30 d，15 ℃需 14 d，18 ℃时需 10 d。播种过早，由于气温低，种子在土壤中长时间不出苗，易受病菌侵染，降低出苗率。土壤水分在最大持水量的70%左右适宜于发芽出苗，覆土厚度以3 cm左右为宜。播后镇压是提高旱种出苗率的一项重要作业，可以保墒、提墒，提高稻苗的顶土力，使出苗整齐。并保证除草剂在土面形成均匀的药层，提高除草效果。但在土壤水分过多时不宜镇压，以免土壤板结坚硬，供氧不足，阻碍种子萌发出苗。

四、灌溉

机械水直播比旱直播稻谷生长发育好些，间歇灌溉比淹水灌溉稻谷产量高些。据湖北省农业科学院粮食作物研究所程建平等2013—2014年进行的机械化水直播与旱直播、间歇灌水与淹水灌溉试验结果表明，机械水直播比旱直播稻谷产量高，间歇灌水比淹水灌溉产量高（表9-4）。

表9-4 机械不同播种方式与灌溉方式稻谷产量构成

播种及灌溉方式	有效穗/（万穗/亩）	总粒数/（粒/穗）	实粒数/（粒/穗）	结实率/%	千粒重/g	实际产量/（kg/亩）
旱直播淹水灌溉	13.33	190.8	169.2	88.7	25.4	485.0
旱直播间歇灌溉	14.40	167.4	151.2	90.3	25.9	477.2
水直播淹水灌溉	15.46	168.4	152.9	90.8	26.1	505.9
水直播间歇灌溉	16.00	167.7	152.6	91.0	25.6	515.4
人工移栽淹水灌溉	16.00	169.9	137.6	81.0	26.3	480.5

1. 苗期灌溉

水直播或附泥旱直播，播种后必须用水层覆盖种子，以保证种子获得必要水分，并保温、防雀和防止太阳暴晒等。稻种发芽后适时排水晾田，促进扎根立苗。安徽省城西湖农场水直播灌溉经验是播种后灌3 cm水层，至60%种子发芽后，排水晾田，待田面出现小裂缝，再灌跑马水，保持田土湿润，2叶1心至3叶期开始保浅水促进分蘖。但北方寒冷稻区，排水晾田时间不宜长，以防止芽苗受寒。浅覆土旱直播，播后只需保持土壤湿润，即可满足稻种发芽对水分的需求，不宜淹灌，以免供氧不足，烂种烂芽。旱种稻播种较深（2～3 cm），借助土壤墒情发芽出苗，土壤含水量以最大持水量的70%以上为宜。过干时，要在播种前灌好底墒水，一般不宜在播后灌水，

以免土壤板结影响出苗。沙土地在播后淹水时，也要注意适量，切忌洼处积水，导致烂种缺苗。4叶期为旱种稻初灌适期，生育期短的品种和地区，初灌适当提早，例如，黑龙江省初灌在2叶至2叶1心，吉林省初灌在3叶左右。

2. 分蘖期灌溉

直播稻分蘖期灌水，大体上与移栽稻相仿，也以浅水灌溉为主。分蘖达到要求的茎数后及时晒田，防止分蘖过多，成穗率下降。直播稻根系浅，晒田不宜重晒，并要求在幼穗分化前完成，以免影响穗型发育。东北稻区昼夜温差大，一般不进行晒田，够苗后，灌溉水层至10～12 cm，以抑制无效分蘖的萌发。

3. 中后期灌溉

直播稻中后期以间歇灌溉为主，以利发根、壮秆和防止倒伏，孕穗和出穗时灌浅水，谷粒灌浆后，继续采取间歇灌溉。东北稻区为防御低温冷害，孕穗至出穗开花期多深灌7～10 cm，齐穗后再间歇灌溉。

此外，还应根据气温的变化，灵活调节水层的深浅。晴天的白天要浅灌增温，夜间或阴天加深水层保温。黑龙江绥化地区农业科学研究所调查表明，白天灌水6 cm，比灌水10～13 cm深的水温增高0.5～0.7 ℃，地表温度比灌水10 cm深的高0.3～0.7 ℃，比灌水13 cm深的高0.8～1.7 ℃；夜间在活水灌溉情况下，灌水层10 cm比7 cm的水温高0.3～0.5 ℃，地表温度高0.1～0.5 ℃。但灌水层加深至13 cm时，水温及地表温反而有所降低。因此，气温较低情况下，夜间灌水层以10 cm深为宜。

五、施肥

直播稻具有比移栽稻分蘖节位低，分蘖早，分蘖多，根系发达，根层浅，分蘖高峰期出现早，下降快，成穗率较低，每穗粒数较少等生育特点。因此，必须在施肥技术上结合灌水措施加以调整，促进根系深扎，巩固分蘖，提高成穗率，增加穗粒数。

1. 施肥时期

据黑龙江省农业科学院的试验表明，直播栽培施肥，以分基肥、蘖肥和穗肥3次施用较好。在亩施氮素10 kg的情况下，分3次施用，比不施肥区增

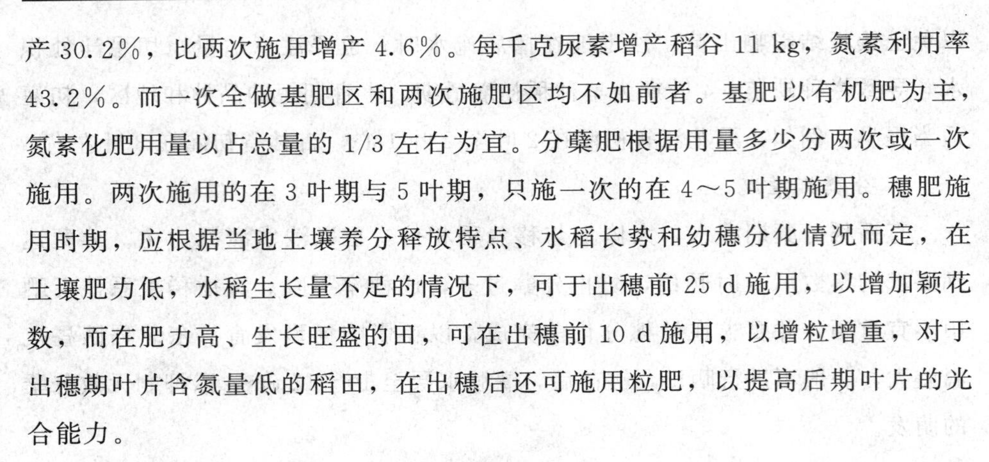

产30.2%，比两次施用增产4.6%。每千克尿素增产稻谷11 kg，氮素利用率43.2%。而一次全做基肥区和两次施肥区均不如前者。基肥以有机肥为主，氮素化肥用量以占总量的1/3左右为宜。分蘖肥根据用量多少分两次或一次施用。两次施用的在3叶期与5叶期，只施一次的在4～5叶期施用。穗肥施用时期，应根据当地土壤养分释放特点、水稻长势和幼穗分化情况而定，在土壤肥力低，水稻生长量不足的情况下，可于出穗前25 d施用，以增加颖花数，而在肥力高、生长旺盛的田，可在出穗前10 d施用，以增粒增重，对于出穗期叶片含氮量低的稻田，在出穗后还可施用粒肥，以提高后期叶片的光合能力。

2. 施肥数量

辽宁省农业科学院水稻研究所水稻旱种施肥试验结果表明，在亩施硫酸铵35～55 kg的范围内，水稻产量随着施肥量增加而提高，平均每增施1 kg硫酸铵增产稻谷5.68 kg。特别是在35～45 kg的范围内，增施肥料的增产作用尤为显著，平均每增施1 kg硫酸铵增产稻谷6.79 kg。同一试验还表明，施肥量不同，适宜的播种量也是不同的。亩施55 kg硫酸铵的条件下，播种量以每亩7.5 kg的产量最高，每千克硫酸铵的增产效果达6.88 kg；而每亩施用硫酸铵45 kg或35 kg的，播种量10 kg的产量最高，但硫酸铵增产效果较低。在35～55 kg的范围内，平均每增施1 kg硫酸铵仅增产稻谷3.76 kg。因此，认为在增施肥料的情况下，必须相应地减少播种量，以充分发挥肥料的增产效果。

六、防除杂草

直播稻田的杂草与稻同时发芽生长，所以其危害远胜过移栽稻田。建立一套以化学除草为基础，耕作栽培除草与人工除草相结合的防除杂草技术体系，即“一封二杀三补”是直播稻栽培技术的重要组成部分。

1. “一封”

“一封”主要是在水稻播种后至出苗前，利用水稻种子与杂草种子的土壤位差，选用芽前封闭除草剂进行土表均匀喷雾。可选用丁·噁乳油、丙草胺（扫弗特）或丙草·苄等药剂，在播种后2～3 d，田间无水层的情况下喷雾。

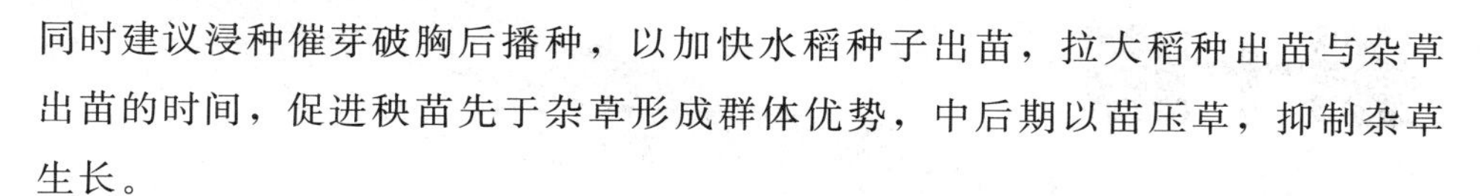

同时建议浸种催芽破胸后播种，以加快水稻种子出苗，拉大稻种出苗与杂草出苗的时间，促进秧苗先于杂草形成群体优势，中后期以苗压草，抑制杂草生长。

2. “二杀”

“二杀”就是在水稻秧苗 3 叶期，杂草 1～2 叶期，排干田水，喷施除草剂杀除杂草。防除稗草可选用二氯喹啉酸，防除千金子可用氰氟草酯，如果既有稗草或莎草，又有阔叶杂草可选用五氟磺草胺或苄·二氯等，水花生等阔叶杂草可选用氯氟吡氧乙酸。

3. “三补”

“三补”指对部分恶性杂草及再次发生的杂草，可在水稻分蘖盛期（播种后 20～30 d）有针对性地选用相关除草剂进行挑治或补杀，药剂同上面的苗后除草剂。对眼子菜的防治，应在水稻有效分蘖末期，当眼子菜大部分叶片由红转绿，每亩用 50%扑草净 50 g 加 20%二甲四氯 100 mL 掺成毒土在浅水层条件下撒施，保水 7～10 d。

思考题

1. 直播稻生产有哪些特点？
2. 直播稻有哪几种种植方式？
3. 直播稻如何防除杂草？

第十章

稻作灾害综合防治技术

稻作灾害主要有病害、虫害和草害，以及自然气候变化造成的冷害、热害和土壤污染的毒害及营养元素缺乏症对稻的危害。在防御技术上，要着重做好农业避灾、防灾和抗灾措施，努力减轻灾害损失。

第一节　稻作的病害发生与防治

据研究，在稻作上发生的病害，有灌状菌 28 种、子囊菌 50 种、担子菌 7 种和半知菌 144 种。此外还有细菌、病毒和线虫病害等 10 余种。在我国发生的水稻病害，有侵染性和非侵染性两大类。在侵染性病害中，约有真菌病 50 种、细菌病 4 种、病毒病 8 种、线虫病 10 种。其中常在生产上为害较重，造成损失的真菌病有稻瘟病、纹枯病、稻曲病、稻粒黑粉病、胡麻叶斑病、稻恶苗病、鞘腐病、黑颖病和颖枯病等；细菌病害有稻白叶枯病、细菌性条斑病、细菌性褐条病、细菌性褐斑病等；病毒病有水稻黄矮病、普通矮缩病、条纹叶枯病等；线虫病有稻干尖线虫病、稻潜根线虫、稻根结线虫；非侵染性病害主要有赤枯病、有毒气体等，为害最广的主要有稻瘟病、纹枯病、稻曲病和白叶枯病。

一、稻瘟病

稻瘟病是我国稻作历史上发生最早的一种病害。1637 年在宋应星的《天

工开物》中对稻瘟病已有记载，稻瘟病是我国水稻真菌病害中研究和防治的重要对象。稻瘟病的发生流行遍及全国，一般是山区重于平原，粳稻重于籼稻。流行年份一般减产10%～20%，重的减产40%～50%，局部重病田甚至绝收。

（一）病原菌的发育生理

（1）温度 菌丝的发育与分生孢子的形成均以25～28 ℃为最适宜，孢子萌发和附着器形成的温度要求与孢子形成相同。病菌的入侵过程中所需的温度及时间26 ℃时需6 h，28 ℃时需8 h，32 ℃需10 h（稍有侵入），34 ℃时不能侵入。孢子在干燥状态下对低温的忍耐力较强，因此，在我国北方寒冷地区可以安全越冬。

（2）湿度 饱和的空气湿度是形成分生孢子的最适条件。相对湿度低于90%，孢子形成数量减少到1/10左右，低于80%就几乎不能形成，孢子必须在相对湿度96%以上，再就是有水滴存在的情况下才能萌发，空气湿度虽达到饱和而无水滴时，孢子萌发数量极少。

在饱和湿度和适温条件下，病菌入侵稻叶后经4 d的潜育期而出现病斑。温度较适温愈低，潜育期也愈长。

（3）光照 光照对孢子形成、萌发及入侵都有抑制作用。在温室中，病斑上形成的孢子，在遮光情况下脱落多，加光时显著减少。在日光照射下孢子的萌发及入侵率都降低。

（4）氧气 孢子在缺氧时不能萌发，所以，带菌的稻种播在水秧田内，一般都很少发生苗瘟。

（二）病菌的田间生态

带病稻草是稻瘟病的最重要的初侵染来源，除直接散播越冬分生孢子外，在春播育秧期间，病稻草淋雨后仍能持续产生孢子达20多天，引起再侵染。

（1）病菌在不同环境条件下的存活 在病稻草中的菌丝埋入土中或侵入水中经1个月全都死亡。田间堆放的草垛表面的菌丝能存活到7～8个月，在干燥的病稻草中的菌丝经一年尚有60%存活，附在上面的分生孢子，翌年4—5月仍能存活。

（2）病稻种带菌传病的田间生态条件 播种期间，气温较低，一般不利于病菌的活动，种子带菌传病机会不高。但当采用塑料薄膜覆盖育秧或晚稻育秧期间气温较高时，存活在种子上的病菌除直接侵染幼苗引起苗瘟发生外，还可以继续产生孢子，进行再侵染。

(3) 分生孢子的飞散传播与气象条件　分生孢子在大气中的浮游量与温度、降水量及空气相对湿度有密切关系。在适温条件下，相对湿度93%较适于孢子的大量形成和散放。孢子主要借气流及水滴传播，孢子飞散数量一般以离田面1.3 m左右最多，占45%～55%，离田面3 m处占23.15%，离田面4 m处占15.85%，离田面10.5 m处占15.54%。

（三）品种抗病性

我国稻瘟病菌生理小种的研究始于20世纪50年代末期。1976—1979年由15个省（直辖市、自治区）的24个研究单位，组织了全国稻瘟病生理小种研究小组，用21省（直辖市、自治区）的1 739个单位分离物，对212个水稻品种进行了筛选测定，从中筛选出7个品种为我国稻瘟病菌生理小种的鉴别品种，并从23个省（直辖市、自治区）提供的827个单孢分离菌株中鉴定出7个群43个小种。稻瘟病生理小种随着品种的布局变迁经常发生变化。

（四）稻瘟病综合防治

以选用抗病丰产良种为主，肥、水管理与药剂防治相配合的综合防治措施。

(1) 选用抗病品种　平原丘陵岗地稻区选用稻瘟病指数为3级及以下，稻瘟损失率最高级3级以下，抗或中抗稻瘟病品种。杂交中稻品种选用襄两优336、春两优华占、香两优16、襄两优138、荃优锦禾、荃优303或魅两优美香新占；常规稻品种选用福稻99或鄂丰丝苗；晚稻品种选用荆楚优8671或长粳优582；鄂西南山区选用晶两优1252等。

(2) 因苗施肥灌水　以水稻叶片变化为诊断指标，在分蘖末期、幼穗分化期与抽穗期三个时段，稻株叶片的全氮、蛋白质和非蛋白质氮的含量降低，叶片颜色由浓绿转为褪淡黄，此期追肥与灌水有利于预防病害。

(3) 适时安全用药　在秧苗3～4叶期、分蘖期、孕穗期和齐穗期，根据预测预报，喷施稻瘟净、异稻瘟净、稻瘟灵或多菌灵等高效低毒药剂，防治苗、叶或穗瘟。

种子消毒可选用线菌清 15 g 加水 9 kg，浸种 6 kg，时长 60 h；用强氯精 300～400 倍浸种 12 h；秧苗期每亩用 20%三环唑 600 倍液 60 kg 喷施；防治穗瘟，可在破口期至穗期施药，每亩可选用 20%三环唑可湿性粉剂 100 g、25%咪鲜胺乳油 60～100 mL、40%稻瘟灵乳油 100～150 mL 或 2%春雷霉素液剂 100 mL 兑水 50～60 kg 喷雾。

二、稻纹枯病

水稻纹枯病的发生遍布全国各地，以华南及长江流域的高产稻区发病较重。发病后稻株的秕谷率增加，千粒重降低，轻的减收 5%～10%，严重的可达 50%～70%。本病主要借稻田中遗留或田边中间寄主上形成的菌核侵染，在多肥密植的条件下流行。防治上以药剂为主，同时要加强栽培管理。

（一）纹枯病的侵染源

（1）菌核的生物学特性　稻纹枯病的病原菌形成菌核，构成菌核的菌丝与营养菌丝的不同之处在于分支密、短而粗，且每个菌丝含有细胞核和原生质及丰富的颗粒状贮藏物。发育成熟的菌核剖面有内外两层完全不同的结构，外层一般由 10～15 层细胞组成，菌丝直径较小，易着色，除细胞壁外只有细胞腔，菌核外层是越冬的保护层，内层的菌丝宽大、长度较小。菌核的形成一般都要经过五个发育阶段，成熟的菌核呈黑褐色。菌核有浮沉和沉浮相互转变的三个特性。

（2）菌核在不同环境条件下的越冬能力　菌核不论在水田或旱地，土表层和埋在土层中，越冬萌发率都高达 83%～100%，侵染力很强。在室内干燥条件下，保存 8～20 个月的菌核萌发率达 80%～100%。6 个月以上的越年田间菌核萌发率为 80%，甚至经过 10 年以上仍保持 27.5%的萌发率。纹枯病菌核的萌发不需要经过休眠或后熟期，当年新一代菌核在适当环境条件下就能萌发侵染稻株。

（3）菌丝及担孢子的侵染性　菌丝第二次感染菌核并与稻株接触后，产生发芽管，完成初次侵染，然后生成次生菌丝，在稻株表面匍伏蔓延扩展，是本病在稻株封行，特别是在孕穗至出穗期间爆发流行的主要侵染源。

担孢子飞散时间通常从午夜到清晨，发芽温度为 15～16 ℃，以 28 ℃最

为适宜，发芽管伸长的适温为30 ℃。此病可通过种子、土壤及空气传染。

(4) 纹枯病菌的寄主范围 纹枯病的寄主范围很广，在自然情况下可侵害21个科的多种作物，除水稻外，还可侵染玉米、大麦、小麦、大豆、绿豆、豇豆、花生、甘蔗、粟和茭白等作物，也可侵害稗子、莎草、马唐和双穗雀稗等多种杂草。

(二) 纹枯病的侵染及田间发病过程

(1) 菌核在田间的分布及移行动态 稻田残存的越冬菌核分布于不同土层中，一般稻田深1.5～24 cm范围内残存的菌核数量，轻病田每亩密度为9万～12万粒,中病田每亩密度为15万～20万粒,重病田每亩密度可达30万～50万粒。不同土层中的垂直分布，以表层0～18 cm处较多，21～24 cm处较少，稻田翻耕时，自土层中释放出大量菌核，随浪洼浮游于田水中，一般每亩最少3万个以上，最多达100万个，并依风向集聚于田头角落。插秧后随水流传播黏附在稻苗基部的叶鞘上，在适温时萌发出菌丝，自叶鞘缝隙入侵，从叶鞘内侧表皮的气孔或直接穿破表皮侵入，在25～28 ℃时3 d形成椭圆形黄色病斑。

(2) 发病的生态条件 病菌入侵后，侵染菌丝在病组织内不断繁殖，长出气生菌丝向附近稻株蔓延扩展，进行再侵染。在水稻分蘖至拔节期一般多横向扩展，病株率或病丛率较多，群体封行后，病势呈纵向扩展，甚至蔓延至穗部。纹枯病是高温高湿性病害，在温度28～32 ℃和相对湿度97%以上，持续阴雨寡照时，最为有利于病势的蔓延。在易感病的孕穗至乳熟期，如遇适宜的气候条件常常引起病害的暴发流行。

矮秆品种、施肥过多、时期不当或过于密植等是导致纹枯病加重发生的重要因素。

(三) 纹枯病的综合防治

纹枯病的防治，着重点应放在改善环境条件和药剂杀伤病原菌丝。即加强肥水栽培管理、控制稻株旺长、改善群体结构的基础上，抓紧药剂防治。

要抓好合理灌溉和排水，拔节露田、晒田与干湿排灌相结合，促进稻株生长稳健，控制病情推进。在稻株封行后，丛发病率达到5%，或在拔节至孕穗期丛发病率达15%的田块，喷药防治，每亩可选用20%井冈霉素水溶性粉

剂 40 g、50％可湿性粉剂 150～200 g、30％苯丙・丙环唑乳油 15～25 mL 或 2.5％井冈霉素＋枯芽孢杆菌水剂 250 mL，兑水 50～60 kg 喷雾。

三、稻曲病

稻曲病又叫伪黑穗病、绿黑穗病、谷花病或青粉病，我国与日本还称其为“丰收病”，由真菌引起。1878 年库克首先从印度获得标本，我国对稻曲病在明朝即有描述，李时珍《本草纲目》记载“硬谷奴，谷穗煤者”即指此。1950 年起，我国对此病开始研究与防治。

该病只发生于穗部，为害部分谷粒。受害谷粒内形成菌丝块膨大，内外颖裂开，露出淡黄色块状物，即孢子座，后包于内外颖两侧，呈黑绿色，初外包一层薄膜，后破裂，散生墨绿色粉末，即病菌的厚垣孢子，有的两侧生黑色扁平菌核，风吹雨打易脱落。长江流域及南方各省稻区都有发生。

1. 稻曲病病原菌

稻曲病病原菌称稻绿核菌，属半知菌亚门真菌。分生孢子座表面墨绿色，内层橙黄色，中心白色。分生孢子单胞厚壁，表面有瘤突，近球形。菌核从分生孢子座生出，长椭圆形，在土表萌发产生子座，橙黄色。

2. 传播途径

病菌以落入土中的菌核或附于种子上的厚垣孢子越冬。翌年菌核萌发产生厚垣孢子，由厚垣孢子再生小孢子及子囊孢子进行初侵染。气温 24～32 ℃病菌发育良好，26～28 ℃最适宜，低于 12 ℃或高于 36 ℃不能生长，稻曲病侵染的时期在水稻孕穗至开花期侵染为主，造成谷粒发病形成稻曲。抽穗扬花期遇雨及低温则发病重，施氮过量或穗肥过重会加重病害发生，连作地块发病重。

3. 发病规律

此病主要以菌核在土壤越冬，翌年 7—8 月萌发形成孢子座，孢子座上产生多个子囊壳，其内产生大量子囊孢子和分生孢子；也可以厚垣孢子附在种子上越冬，条件适宜时萌发形成分生孢子。孢子借助气流传播散落，在水稻破口期侵害花器和幼器，造成谷粒发病。病菌侵染始于花粉母细胞减数分裂期之后和花粉母细胞充实期，而花粉母细胞充实期前后这段时间是侵染的重要时期。

4. 防治技术

(1) 选用抗病品种。

(2) 避免病田留种，深耕翻埋菌核。

(3) 药剂防治可选用氟硅唑·咪鲜胺加嘧啶核苷类抗生素或农用抗生素120防治，用2%福尔马林或0.5%硫酸铜浸种3～5 h。抽穗前每亩用18%多菌酮粉剂150～200 g，水稻孕穗末期每亩用14%络氨铜水剂250 g、稻丰灵200 g或5%井冈霉素水剂100 g，兑水50 kg喷洒。

四、水稻恶苗病

水稻恶苗病是水稻种植过程中的一种主要病害，该病出现往往会导致水稻减产10%～20%，严重时可减产一半，因此，找到原因做好预防刻不容缓。

水稻恶苗病又叫徒长病、白秆病，属于真菌性病害，在水稻苗期至穗期均可发病，发病高峰表现在秧苗期、本田期或抽穗期。其中以水稻秧苗期最易感病。

病苗因根系发育不良，生长纤细、瘦弱，全株淡黄绿色，比健株高出近1/3，叶片较窄，大部分病株移栽前即枯死，少数病株移栽后25 d内枯死。空气湿度大时在枯死苗近地面部分有时产生淡红色或白色霉状物，即病菌的分生孢子。水稻苗期发病程度与种子带菌有关。

1. 水稻恶苗病发病原因

(1) 水稻恶苗病最主要的初侵染源是带菌种子，其次是病稻草。种子萌发后，病菌就从秧苗的芽鞘、根、根冠或伤口侵入，植株伤口有利于病菌侵入，会引起秧苗发病徒长；带病的秧苗移栽后，引起稻苗发病；同时，病株产生的分生孢子借助气流可进行再次侵染，使谷粒和稻草带病菌，形成循环侵染，为害水稻。

(2) 高温为水稻恶苗病发生创造条件。这种病害的病菌喜欢高温，高温对水稻恶苗病病菌繁殖、侵染及发生极为有利。土温在30～35 ℃时病苗出现最多，25 ℃时病苗出现少，种子和秧苗有外伤时，有利于病菌侵入。

(3) 相同条件下水稻的发病情况。在相同条件下，种子带菌率极高，品

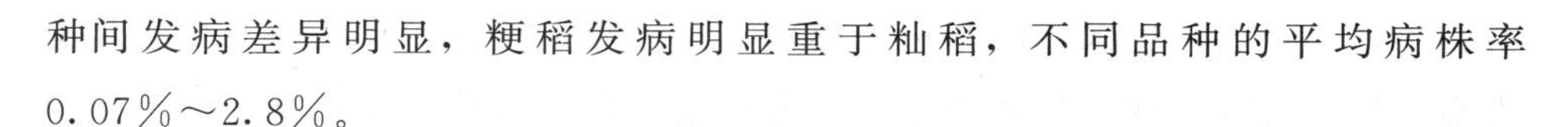

种间发病差异明显，粳稻发病明显重于籼稻，不同品种的平均病株率0.07%～2.8%。

（4）水稻恶苗病病原菌属子囊菌。播前浸种时带菌种子上的分生孢子污染无病种子；收获后秸秆还田时，也增加了病残体上病菌在田间的积累。

（5）旱育秧恶苗病发生要重于水育秧。

（6）浸种浓度不够会影响药效发挥，结果只能是加重大田发生恶苗病。

2. 防治方法

（1）控制种子带菌传播。首先要建立无病留种田，选择抗病品种，留种时选育健壮无病的种子，剔除受伤和秕谷种子是最有效、可靠的方法。其次做好种子消毒处理是防病的关键。稻种在消毒处理前，要晴天晒种1～2 d，用80%强氯精300倍液浸种，防治效果可达到98%，早稻浸24 h，晚稻浸12 h，再用清水浸泡。用3%的生石灰水澄清液浸种，水温25 ℃时需浸2 d，避免直射光。液面要高出种子10～15 cm，利于种子吸收药液，液面要保持静止状态，中途不能搅拌，以保证闷死病菌。

（2）播种前催芽不宜过长，否则下种时植株易受创伤，利于病原菌侵入；移栽拔秧时应尽可能避免损伤秧根，防止根系发育不良，以减轻恶苗病发病率；插秧时避免高温天气和中午，不插烈日秧，高温是恶苗病发生的最适宜条件。

（3）一旦发现有被侵染的植株要及时拔除。病株比正常苗高出1/3，容易辨别。拔除后集中销毁，以免病菌传播发生再侵染。

（4）病稻草的处理病稻草收获后可做燃料或高温沤制堆肥。

五、水稻细菌性基腐病

水稻细菌性基腐病是近年新发现的一种病害，主要危害水稻根节部和茎基部。在发病严重田块，稻秧出现成片枯黄情况，受病株株形矮化，严重时整株稻秧枯死，对水稻生产威胁很大。

水稻分蘖期发病常在近土表茎基部叶鞘上产生水浸状椭圆形斑，渐扩展为边缘褐色、中间枯白的不规则形大斑，剥去叶鞘可见根节部变黑褐，有时可见深褐色纵条，根节腐烂，伴有恶臭，植株心叶青枯变黄。拔节期发病叶片自下而上变黄，近水面叶鞘边缘褐色，中间灰色长条形斑，根节变色伴有恶臭。穗期发病病株先失水青枯，后形成枯孕穗、白穗或半白穗，根节变色有短而少的侧生根，有恶臭味。

水稻细菌性基腐病的独特症状是病株根节部变为褐色或深褐色腐烂。别于细菌性褐条病心腐型、白叶枯病急性凋萎型和螟害枯心苗等。水稻细菌性基腐病常与小球菌核病、恶苗病、还原性物质中毒等同时发生；也有在基腐病株枯死后，恶苗病菌、小球菌核病菌等腐生其上。水稻细菌性基腐病主要通过水稻根部和茎基部的伤口侵入。

1. 水稻细菌性基腐病病原菌

细菌单生，短杆状，两端钝圆，鞭毛周生，无芽孢和荚膜，革兰氏染色阴性。牛肉浸膏蛋白胨琼脂培养基上菌落呈变形虫状，初乳白后变土黄色，无光泽。厌气生长，不耐盐，能使多种糖产酸，使明胶液化，产生吲哚，对红霉素敏感，产生抑制圈。

2. 传播途径

细菌可在病稻草、病稻桩和杂草上越冬。病菌从叶片上水孔、伤口叶鞘和根系伤口侵入，以根部或茎基部伤口侵入为主。侵入后在根基的气孔中系统感染，在整个生育期重复侵染。

3. 发病条件

早稻在移栽后开始出现症状，抽穗期进入发病高峰。晚稻秧田即可发病，孕穗期进入发病高峰。轮作、直播或小苗移栽稻发病轻。偏施或迟施氮素，稻苗嫩柔发病重。分蘖末期不脱水、晒田过度或水稻中后期受涝易发病。地势低，黏重土壤通气性差发病重。一般晚稻发病重于早稻。

4. 防治方法

（1）选用抗病良种。

（2）培育壮苗，推广工厂化育苗，采用湿润育秧。适当增施磷、钾肥确保壮苗。要小苗移栽且浅栽，避免伤口。

（3）提倡水旱轮作，增施有机肥，采用配方施肥技术。

（4）齐穗后实行湿润灌溉，增加土壤通透性，养根以增抗性。

第二节　稻作的虫害发生与防治

我国稻作上发生的害虫种类，已知有300多种。其中普遍发生、危害严重的害虫有6种，某些年份或局部地区危害较重的有28种。

常见的水稻害虫可以分为四类。

一、钻蛀类害虫

这是一类是以幼虫钻入稻叶鞘和茎秆中取食的害虫。

（一）二化螟

（1）分布与危害　二化螟又名钻心虫或白穗虫。在我国向北可分布到黑龙江克山，向南分布到海南，食性较杂，以幼虫危害水稻为主。在分蘖时期咬断稻株心叶造成“枯心苗”；孕穗期危害造成“枯孕穗”；抽穗期危害造成“白穗”；乳熟期至成熟期危害造成“虫伤株”。

（2）生活史和习性

①二化螟在我国一年发生1～5代，发生代数随纬度变化而变化很大。

②二化螟以4～6龄幼虫在稻桩、稻草、茭白、野茭白、三棱草和杂草中越冬。越冬幼虫抗逆能力强，冬季低温对其影响不大，到春季在稻桩中越冬的未成熟幼虫（4～5龄）还会爬出稻株转移蛀入麦类、蚕豆或油菜的茎秆内为害，并在茎秆内化蛹羽化。

③二化螟的发生期和发生量与越冬寄主关系很大。

④二化螟化蛹起点温度比三化螟低，当春季气温达11 ℃时越冬幼虫开始化蛹，其化蛹特点是一旦环境条件适宜，各龄幼虫均能直接化蛹。影响越冬代化蛹进度的不是虫龄分布而是气候条件。

⑤二化螟成虫的习性大致和三化螟的相似。成虫昼伏夜出，白天潜伏于稻丛基部及杂草中，夜间活动，趋光性强，对黑光灯趋性强，因此，生产上灯诱防治意义较大。

⑥二化螟幼虫 3 龄后食量增大，如食物不足则分散转移，转移次数和寄主生长状况有关。

⑦越冬代老熟幼虫在稻桩和稻草中，其他各代在稻茎内（茎秆粗的）或叶鞘内（茎秆细的）化蛹。化蛹部位跟稻田水位有关，灌水淹浸会引起蛹大量死亡。因此，生产上可充分利用此习性。

（二）三化螟

（1）分布与危害　三化螟又叫蛀心虫、钻心虫或蛀秆虫。主要分布在长江流域及其以南稻区，向北分布到烟台。食性专一，仅危害水稻，偶食野生稻，以幼虫钻蛀稻株危害，取食叶鞘组织、穗苞和茎，形成“枯心苗”“枯孕穗”“白穗”“半白穗”和“虫伤株”，对水稻产量影响较大，严重时颗粒无收。

（2）生活史和习性　一年可发生 2～7 代。在热带可终年繁殖。在温带不能终年繁殖，冬季需越冬，以老熟幼虫在稻桩内越冬。成虫多在夜间羽化。成虫昼伏夜出，雌蛾白天常静伏在稻株中上部，雄蛾多隐蔽潜伏于稻丛基部。飞翔力强，累计可飞翔 30 km，因此，需注意联防。成虫趋光性强，雌蛾交配后趋光性较强。雄雌蛾交配多在羽化后 1～3 d。成虫产卵具趋嫩性和趋绿产卵习性，因此，生长茂密、面积大的稻田着卵块多。初孵幼虫先咬破卵块上胶质、绒毛或咬破卵块底部叶片穿孔而出，到附近稻株上钻蛀，蛀入茎秆需 40～50 min，此段暴露时间是用触杀剂防治蚁螟的大好时机。幼虫在取食生长过程中常离开原危害稻株转移到新稻株上危害。

（三）大螟

（1）分布与危害　大螟又叫稻蛀茎夜蛾或紫螟。分布于陕、豫、皖、浙、赣、鄂、湘、两广、闽、台和川滇等地。食性较杂，也是一种杂食性害虫，寄主有水稻、茭白、小麦、高粱、玉米、粟、甘蔗、蚕豆、油菜、棉花、稗、芦苇和早熟禾等。大螟危害状况与三化螟相似，也以幼虫蛀入稻株内危害。

（2）生活史和习性

①大螟在四川浙江年发生 3～4 代，少部分幼虫在稻桩及其他寄主残株和杂草根际越冬，但多数幼虫冬季可继续危害小麦、甘蔗等作物，无明显滞育现象。

②成虫昼伏夜出，白天潜伏稻丛基部或杂草丛中，飞翔力弱，夜晚活动。趋光性不及二化螟和三化螟，但对黑光灯趋性较强。

③成虫产卵有趋向粗壮、高大植株上的习性，因此，稻田边行落卵量较多。

④初孵幼虫吃掉卵壳并在叶鞘内群居取食，形成枯鞘。2 龄以后食量增大，开始分散并转株为害。幼虫一生能危害 3～4 株水稻。

（四）水稻钻蛀螟虫防治方法

（1）预测预报　根据各种稻田化蛹率、化蛹日期、蛹历期、产卵期和卵历期，预测发蛾始盛期、高峰期、盛末期、蚁螟孵化的始盛期、高峰期和盛末期，从而指导防治。

（2）农业防治措施　①调整水稻布局，避免混栽，减少桥梁田，田边种植大豆、芝麻等保护益虫，种植香根草诱杀螟虫；②选用生育期适中的品种；③及时春耕沤田，处理好稻茬，减少越冬虫口；④选择无螟害或螟害轻的稻田或旱地作为绿肥留种田，要注意杜绝虫源；⑤对冬作田、绿肥田灌跑马水，不仅利于作物生长，还能杀死大部分越冬螟虫。及时春耕灌水，淹没稻茬 7～10 d，可淹死越冬幼虫和蛹。

（3）生物防治措施　①保护利用自然天敌：如步行虫、青蛙和鸟类等。晒田时要挖好蛙卵孵化坑；②应用微生物农药：可推广使用杀螟杆菌、苏云金杆菌（Bt）和白僵菌的制剂；③使用天敌：成虫始盛期释放稻螟赤眼蜂、螟卵齿小蜂或长腹黑卵蜂等天敌；④以禽治虫：从本田返青后至抽穗前放养 0.1～0.3 kg 的小鸭。

（4）化学防治　根据预报结果、防治指标和各地螟虫发生情况及时施药。通常防治三化螟的原则是普治 1 代，挑治 2 代，根治 3～4 代。施药应掌握在卵孵高峰期至幼虫钻蛀前。钻蛀后要使用内吸性强的药剂；发生较重的田块要普治，发生较轻的田块局部防治；常用施药方法是喷雾、撒毒土和泼浇。

二、食叶类害虫

取食稻叶害虫种类很多，但分布广、危害重的主要有稻纵卷叶螟（刮青虫、白叶虫、小苞虫）和稻苞虫，它们都属于鳞翅目昆虫。

（一）稻纵卷叶螟

（1）分布与危害　分布于北起黑龙江、内蒙古，南至台湾、海南的全国各稻区，南方稻区发生重。寄主以水稻为主，偶尔危害小麦、甘蔗和粟等作物。以幼虫为害，取食嫩叶，缀叶成纵苞，藏匿苞中剥食上表皮和叶肉，食后仅剩白色下表皮。

（2）生活史和习性　稻纵卷叶螟一年发生2～11代，自北向南逐渐递增。稻纵卷叶螟在我国北方不能越冬，越冬北界在北纬30°左右。我国东部可划分为3个区，即周年发生区（相当于大陆南海岸线南部的地区），越冬区（包括广东、广西、闽南、湖南、江西、浙中南），冬季死亡区（包括江苏、安徽、湖北、浙北和川中线以北）。

成虫昼伏夜出，白天隐伏在生长茂密的稻田内。成虫夜间活动，飞行力强，对白炽灯趋光较强。成虫多在晚9点后羽化，羽化后1～2 d，多在凌晨3—5点交配。稻纵卷叶螟是迁飞性害虫，每年春夏由南向北有5代次迁移，秋季回迁3次。初孵幼虫常爬入心叶或附近的叶鞘内啃食叶肉，使叶片出现针尖大小的半透明小白点，很少结苞，这个时期是防治的最佳时期。幼虫老熟后多离开老虫苞，另换地方化蛹，化蛹部位因生育期而异。

（二）直纹稻苞虫

（1）分布与危害　除新疆、宁夏无报道外，各地均有分布。主要危害水稻，还可取食玉米、高粱、麦类、谷子、茭白、竹子和白茅等。

（2）生活史和习性　直纹稻苞虫在北方稻区年发生2～3代，黄河和长江之间发生4～5代，长江以南发生5～8代。南方稻区越冬场所分散，常以幼虫或部分蛹在背风向阳的稻田边、沟边、池塘的芦苇、茅草等杂草丛中越冬。黄河以北则以蛹在向阳处杂草丛中越冬。该虫常以第2～3代为主害代在7—9月份危害严重。

成虫夜伏昼出，白天活动，飞翔力强。嗜食芝麻、棉花、瓜类、菜花、紫云英和千日红。

（三）食叶类水稻害虫防治方法

（1）农业防治　①加强田间管理，施足基肥，巧施追肥，促进水稻健壮生长，提高抗虫性。在越冬区，冬季铲除田边、沟边及池塘边的杂草，消灭越冬虫源；②生长季节人工摘除虫苞或卷叶；③选择叶片硬厚、主脉坚硬和难卷叶的抗性品种；④科学用水，适时晒田降低田间湿度。化蛹盛期灌深水2～3 d可杀死大量蛹。种植诱集植物集中捕杀成虫。

(2) 生物防治 ①释放赤眼蜂：如螟黄赤眼蜂、稻螟赤眼蜂种。从成虫初盛期到结束期每2～3 d释放1次，连续3～4次，每亩放蜂1万～4万头；②使用微生物杀虫剂：如苏云金杆菌（Bt）、短稳杆菌、青虫菌等制剂；③放鸭：有条件的地区可放鸭啄食幼虫。

(3) 物理防治 每年4—10月，田间安装对天敌伤害小的太阳能杀虫灯诱杀螟虫成虫，一般1.7 hm^2 左右安装一盏。稻田安插性诱捕器用专用性诱剂诱杀雄性成虫，以降低卵孵化率和虫口基数。

(4) 化学防治 抓住防治适期非常重要，做到赶蛾查卵预测，盛孵低龄期施药，适期防治，往往施药1次即可达到防治的优良效果。防治药剂可选用吡虫啉、杀虫单、毒死蜱、苏云金杆菌、乙酰甲胺磷和阿维菌素等。

三、刺吸类害虫

水稻刺吸类害虫主要有稻飞虱类、稻叶蝉类、稻蓟马类和稻蝽类，其中危害严重的是稻飞虱类（俗称稻虱、火蠓虫、响虫、火旋、化秆虫）和稻叶蝉类（俗称浮尘子、叶跳虫）。

（一）稻飞虱类

(1) 分布与危害 稻飞虱类主要指褐飞虱、白背飞虱和灰飞虱3种，其中以褐飞虱发生危害最重，白背飞虱次之，这两种飞虱在长江流域以南危害严重。灰飞虱属偏北种类，华南稻区发生少。褐飞虱食性单一，仅危害水稻和普通野生稻；白背飞虱主害水稻兼食大麦、小麦、粟、玉米、甘蔗、高粱、野生稻、白茅、早熟禾和稗草等；灰飞虱取食水稻、大麦、小麦、玉米、甘蔗、高粱、看麦娘、游草、稗草和双穗雀稗等禾本科植物。

飞虱类危害主要有4个方面：①刺吸汁液造成减产；②产卵刺伤茎秆组织造成干枯和感染；③传播病毒；④分泌蜜露影响光合和呼吸作用。

(2) 生活史和习性

①褐飞虱。褐飞虱属迁飞性害虫。各地年发生代数随纬度、迁入期早晚而变化。成虫趋光性强，晚8—11点扑灯多。产卵部位与植株幼嫩和生育期有关。喜阴湿，在6—9月降雨日多、雨量适中易大发生。稻田分蘖多生长郁闭时发生严重，在稻田的分布是田中多、田边少。褐飞虱嗜食水稻，对稻株营养状况反应灵敏。

褐飞虱具有迁飞习性。迁飞规律是逐代、逐区季节性往返迁飞。迁飞路线受气候影响，但方向和迁飞过程大体不变。

②白背飞虱。广东7～8代，海南11代。越冬界限是北纬26°，北纬26°以北地区不能越冬，虫源从南方而来。白背飞虱习性和褐飞虱类似，不同的是取食部位比褐飞虱的要高，属迁飞性害虫。

各地年发生代数随纬度、迁入期早晚、栽培制度及总有效积温高低而变化。褐飞虱在我国越冬情况可分为三个地带：在北纬21°以南的地区为安全越冬带；北纬20～25°为少量间歇越冬带；北纬25°以北为不能越冬带。

③灰飞虱。由南到北年发生4～8代。华北每年发生4～5代，长江流域发生5～6代，福建7～8代。各地都可越冬，南方以若、成虫或卵在麦田、绿肥田、田边、沟边禾本科杂草或再生稻上越冬，以背风向阳、温暖、潮湿处最多。越冬代大多是短翅型，其余各代是长翅型。

(二) 叶蝉类

危害水稻的叶蝉类有20多种，其中危害严重的有黑尾叶蝉和白翅叶蝉等。

1. 分布与危害

(1) 黑尾叶蝉　该叶蝉分布在各稻区，南方发生严重，主要以水稻为食。对水稻危害与稻飞虱相似，此外，还是水稻普通矮缩病、黄矮病等病毒病的主要传播媒介。

(2) 白翅叶蝉　分布于长江以南稻区。寄主有水稻、小麦、大麦等。刺吸叶片，受害叶片初现零星小白点。

2. 生活史和习性

(1) 黑尾叶蝉　在河南、安徽1年发生4代；江苏、上海、浙江等地发生5代；福建、广东发生7～8代。北方以3～7龄若虫在绿肥田、麦田、田边和沟边的杂草上越冬，4—5月集中在秧田为害、产卵和繁殖，并随秧苗进入本田。7月中下旬至8月下旬发生第3、4代，主要集中在双季晚稻秧田、本田和单季晚稻本田危害，是全年主害代。

成虫白天多栖息在稻株中下部，清晨、傍晚在叶片上为害。具趋嫩性，生长茂盛、叶色嫩绿的稻田虫口密度大，危害较重。趋光性强，晚上8—10点诱集较多。成虫羽化后7～8 d后开始产卵。卵产在水稻和稗草上，以水稻为主，10～30粒卵排成单行。雌虫繁殖力强，每雌可虫均可产卵10余块。若虫共5龄，具群聚性，每丛稻株有10至百余头。

（2）白翅叶蝉　浙江、安徽一年发生3代，福建、重庆发生4代。以成虫在麦田、绿肥田、田边和沟边杂草上越冬。在3代区，3月下旬越冬代迁入早稻秧田取食产卵。第1～3代若虫发生期分别是5月下旬至6月中旬、7月下旬至9月上旬、9月下旬至11月。

（三）刺吸类水稻害虫防治方法

1. 农业防治

（1）清除杂草　清除田边杂草，减少虫源。

（2）科学管理　选用抗性品种。合理肥水，合理密植，适时翻耕，促进稻株健壮生长。因地制宜改革耕作制度，避免单季稻和双季稻混栽，减少桥梁田。

2. 物理防治

（1）灯光诱杀　用黑光灯或在田间高处堆柴放火，诱杀成虫。

（2）人工捕捉　用捕虫网在成虫盛发期扫捕，捕杀成虫。

（3）滴油打落　在分蘖期每亩用植物油（如菜籽油和棉籽油）0.75～1 kg均匀滴于或拌沙匀撒于不养鱼稻田内。待油扩散后用竹竿或软扫帚扫苗，将虫扫落使其触油而死。一次滴油可多次扫落，滴油前保持水深3～5 cm。

3. 生物防治

（1）保护天敌　如青蛙、蜘蛛等。早熟水稻收获后，可在田中散布草把，然后灌浅水，逼蜘蛛上草，人工助迁到迟熟水稻田内。

（2）放养小鸭　推广应用稻—鸭共育技术，对防治飞虱和螟虫有效。

4. 化学防治

(1) 褐飞虱防治策略　以治虫保穗为目标，狠治大发生代的前1代，挑治大发生的当代。灰飞虱和叶蝉的防治策略是以治虫防病为目标，狠治1代，控制2代。

(2) 药剂　有吡虫啉、高渗吡虫啉、噻嗪酮（扑虱灵、稻虱净、优乐得）、吡蚜酮、氟虫腈啶虫脒和噻虫嗪等。

第三节　稻田杂草的发生与防治

我国稻田杂草种类繁多，总计约有200多种，大部分属于高等植物中的被子植物，包括单子叶和双子叶植物，少数为低等的蕨类和藻类植物；都是自营生长的杂草；其中以一年生杂草的种类居多，也有各种类型的多年生杂草。常见的稻田主要杂草有30多种。稗、千金子、双穗雀稗、异型莎草、碎米莎草、水莎草、荆三棱、牛毛毡、矮慈姑、鸭舌草、泽泻眼子菜、空心莲子草、圆叶节节菜、水苋菜和四叶萍等，防除杂草，要依据草类采用对口除草剂适时适量用药。

一、湿润育秧田化学除草

常用除草剂品种有丁草胺、杀草丹、禾大壮、二氯喹啉酸、扫弗特和苄嘧磺隆等。

1. 稗草为主的秧田，可以选择以下药剂配方

(1) 每亩用60%丁草胺乳油或60%新马歇特乳油50～75 mL，于秧苗1～1.5叶期拌湿细土10 kg均匀撒施，露水未干时不要施药，秧板要平整，不能有积水。

(2) 每亩用50%杀草丹乳油300 mL或80%杀草丹乳油100 mL于秧苗1～1.5叶期兑水30～50 kg喷雾，喷雾后不能灌深水，以防药害，3 d内不能排水，保证药效。

2. 稗、莎草及阔叶草混生的秧田，可选用以下药剂配方

（1）用每亩25～30 g 35%二氯·苄可湿性粉剂兑水30～50 kg于秧苗2～3叶期，用手动喷雾器均匀喷雾。湿润施药，药后1～2 d灌水3 cm左右，保水5～7 d。使用多效唑、稀效唑的秧田慎用。

（2）每亩秧田用100～150 g 50%禾·苄可湿性粉剂兑水30～50 kg用手动喷雾器均匀喷雾，播种踏谷后立即施药，也可在秧苗1～1.5叶期施药。注意田面要平整，防止局部积水，谷种不要露出泥面。

二、旱育秧田化学除草

旱育秧田杂草发生量比较大，水生、旱生杂草都有，选择除草剂时两者都要兼顾。

1. 播后苗前土壤处理可以选择的除草剂

（1）每亩用60%丁草胺乳油75～120 mL，兑水30 kg于盖土前均匀喷雾，对露籽易产生药害，催芽秧田不宜使用。

（2）每亩用36%丁·噁乳油80～120 mL或每亩用60%丁草胺乳油50 mL加12%噁草灵乳油50 mL兑水30 kg，于盖土后覆膜前均匀喷雾。注意谷种不要露出泥面。

2. 苗后茎叶处理可以选择的除草剂

（1）每亩用90%杀草丹100 mL加10%苄嘧磺隆可湿性粉剂10～15 g，于秧苗2～3叶期兑水30～50 kg均匀喷雾。

（2）每亩用2%哌·苄(幼禾葆)可湿性粉剂180～220 g,兑水30～50 kg,于揭膜后炼苗2～3 d均匀喷施。

（3）后期仍有莎草为害的秧田，可于起秧前7 d左右，每亩用20%二甲四氯水剂200 mL左右兑水喷雾。

三、水稻移栽大田化学除草

水稻移栽田防除杂草，要在秧苗移栽后第一个发草高峰期，目前，常用的除草剂是杀稗剂和苄嘧磺隆或吡嘧磺隆的复合制剂，也可以选择这两类除草剂混用，以扩大杀草谱。常用的杀稗剂有丁草胺、杀草丹、二氯喹啉酸、

禾大壮和艾割等。

(1) 每亩用20%异·苄可湿性粉剂25～30 g或14%乙·苄可湿性粉剂40～50 g或25%乙·苄·甲（精克草星）可湿性粉剂20～25 g，于移栽后3～7 d，拌湿细土10 kg均匀撒施。施药时保持3～5 cm浅水层，药后保水5～7 d。

(2) 每亩用37.5%丁·苄可湿性粉剂80～135 g或用10%丁草胺微粒剂500～600 g加水喷施，也可每亩用10%苄嘧磺隆可湿性粉剂10～15 g，于移栽后5～7 d拌湿细土10～15 kg均匀撒施。施药时保持3～5 cm浅水层，药后保水5～7 d。

(3) 每亩用35%二氯·苄可湿性粉剂30～50 g或用50%二氯喹啉酸可湿性粉剂25～30 g再加苄嘧磺隆可湿性粉剂10～15 g，于抛（栽）后5～7 d兑水喷雾。施药前排干田水，药后1～2 d灌3～5 cm浅水层，并保持5～7 d。

第四节　水稻的生理障碍

水稻生产中可能遇到的生理障碍很多，致害的因子有低温冷害、高温热害、土壤还原物、工业厂矿非生物的污染毒害和主要营养元素缺乏症等。水稻生育过程中，生理障碍的表现是多样性的，如烂秧、僵苗、早衰、秕谷或倒伏等，各种症状通常又是多种因素造成的。

一、水稻冷害

水稻冷害是指水稻各生育期所需临界温度以下的零上低温造成的生理障碍。一般分为两种类型，一种是障碍性冷害，即低温直接对水稻植株或器官造成致死性的伤害。例如秧苗期冷害造成秧苗青枯或黄枯死苗，减数分裂期冷害使花粉粒败育，开花期冷害破坏授粉受精过程等。另一种是延缓型冷害，即低温直接对水稻植株或器官造成致死性伤害，使水稻植株发育延缓。例如出穗前遇低温，使出穗期延缓；灌浆期遇低温，籽粒灌浆不良等。

1. 不同生育期的冷害与症状

（1）秧苗期冷害 秧苗期冷害一般受害指标是日平均气温低于10～12 ℃，最低气温低于3 ℃，空气相对湿度在70%左右连续3 d以上。日照良好时出现青枯冷害，连续阴雨天气会出现黄枯冷害。长江流域稻区多发生在3—4月份。

受害的特征是心叶和嫩叶出现失水萎蔫，并逐渐向老叶发展，最后整株干枯，秧苗死亡。

（2）减数分裂期冷害 水稻减数分裂期对低温最为敏感。减数分裂期日平均温度籼稻低于22～23 ℃，粳稻低于19～20 ℃，籼粳杂交稻低于23 ℃，持续3 d以上，即可发生冷害，长江流域稻区多发生在5月下旬到6月上旬。

受害表现主要是花粉粒发育受阻，不能形成饱满的和有萌发能力的花粉。

（3）开花期冷害 开花期遭受寒露风，开花期籼稻日平均温度≤20～22 ℃，粳稻日平均温度≤18 ℃（晴天）或≤20 ℃（阴天），杂交稻日平均温度≤23～23.5 ℃，持续3 d以上即可发生冷害。湖北省晚稻的安全抽穗开花期80%保证率为9月15—18 d。

水稻遭受冷害时，开花期延迟，开花势较弱，开花的日周期性不明显，出现全天零散开花现象，开花时的开颖和花丝伸长都较慢，花药散粉时间推迟。

2. 防御冷害的技术措施

防御水稻冷害必须采取选用抗冷害品种，适时播种，培育壮秧，合理施肥、灌水技术措施。

（1）适时播种 长江中下游地区早稻宜在3月下旬播种，再生稻头季在3月底至4月上旬播种，一季晚稻在5月下旬至6月上旬播种，二季晚稻在6月20日前后播种。

（2）肥水调控 秧苗遭遇冷害后，因苗制宜增施速效性氮肥和磷肥，促弱转壮；寒潮低温来临之前，秧田灌深水6～8 cm，水的比热大，汽化热高和热传导性低，能改善田间小气候。

（3）喷施调节剂 在水稻开花期发生冷害时，可选用赤·吲乙·芸薹（碧护）、赤霉素、芸薹苔素内酯、硼砂、萘乙酸、激动素、磷酸二氢钾等，提高植株的抗寒性，对防御和减轻冷害有较好的效果。

二、水稻热害

长江流域早稻开花结实期、中稻孕穗开花期，经常遇到高温天气，高温伤害水稻开花受精过程，会增加空秕率而造成减产。

1. 热害出现的环境因素和伤害温度指标

在水稻大田生产上，热害主要发生在早、中稻开花授粉及灌浆期，早稻开花期热害一般多发生在 6 月下旬雷雨过后的晴热高温天气，气温突然上升到 30 ℃以上，在高温天气，出现 30 ℃以上的绝对高温多在上午 10 时至下午 6 时。

(1) 开花期热害　水稻开花期热害的温度指标，籼稻开花期长期高温伤害的临界温度为日平均温度 30 ℃，短期高温伤害的临界温度为 35 ℃。

开花期热害主要影响颖花的开放、散粉和受精，因而空秕粒多。高温后结实率低的原因可能与花粉发芽率低有关，经过 35 ℃处理的花粉，在柱头上的发芽率仅为正常温度下的 60%左右，高温主要是伤害花粉粒，使之降低活力。高温影响水稻结实率的敏感期是出穗开花期，以开花当时的高温对颖花受精最为有害，临开花前次之，开花后影响较小。

(2) 灌浆期热害　高温对籽粒灌浆的影响主要表现在秕粒率增加，实粒率和千粒重降低。籽粒长度和宽度增长时的乳熟前期（开花后 6～10 d），高温处理的实粒率减少较多，籽粒厚度增长期和灌浆速度最大的乳熟后期（开花后 11～15 d），高温处理的千粒重下降最多。高温对水稻灌浆的影响主要在于籽粒过早减弱或停止灌浆过程，高温缩短了籽粒对贮藏物质的接纳期。

2. 防御高温的技术措施

(1) 选用耐高温能力强的品种　宜选用地方农业主管部门主导的耐高温结实性好的品种。

(2) 适期播种规避高温热害　长江流域高温出现的时段在 6 月下旬至 8 月中旬，≥35 ℃以上的高温一般在 7 月中旬至 8 月上旬。早稻宜在 3 月下旬播种，7 月上、中旬成熟；中迟熟中稻品种在 4 月底至 5 月初播种，中早熟中稻品种在 5 月上旬末播种，抽穗开花期安排在 8 月 10 日前后。

(3) 肥水调控　根据苗情观测，若是前期温度偏高，秧苗生长过快，宜喷施多效唑，提早控水，早日晒田和抑制生长；若是秧苗生长较弱，生育进程快，宜采取增施速效肥料，促进营养生长，延缓幼穗分化进程；若抽穗开花期遇到高温，可采取田间灌深水，增湿降温，喷施磷酸二氢钾等叶面肥，同时加大用水量，增加稻株抗性，调节叶面和穗部温度，减轻高温热害。

思考题

1. 水稻的主要病害有哪些？
2. 水稻的主要害虫有哪些？
3. 水稻的主要气候性障碍灾害有哪些？

参考文献

[1]中国农业科学院．中国稻作学．北京:农业出版社,1986.

[2]中国农业科教基金会．农业物种及文化传承．北京:中国农业出版社,2016.

[3]朱元军．问说水稻起源．中国稻米．2016,22(4):69-71.

[4]农业部种植业管理司．主要农作物起源与发展．北京:中国农业出版社,2003.

[5]国家统计局农村社会经济调查司．2019 中国农村统计年鉴．北京:中国统计出版社,2019.

[6]中国水稻研究所．2019 年中国水稻产业发展报告．北京:中国农业科学技术出版社,2019.

[7]湖北农村统计年鉴编辑委员会．2019 湖北农村统计年鉴．北京:中国统计出版社,2019.

[8]农业部农产品贸易办公室,农业部农业贸易促进中心．2016 中国农产品贸易发展报告．北京:中国农业出版社,2016.

[9]中国农业科学院．中国农作物种植区划论文集．北京:科学出版社,1987.

[10]谢华安．杂交水稻抗病虫育种实践与思考．中国稻米,2020,26(1):1-5.

[11]王维金,朱旭彤．作物栽培学．北京:科学技术文献出版社,1998.

[12]袁隆平．杂交水稻学．北京:中国农业出版社,2002.

[13]高广金．超级稻高产高效栽培技术．武汉:湖北科学技术出版社．2013.

[14]湖北土壤肥料工作站．湖北土壤．武汉:湖北科学技术出版社,2015.

[15]黄昌勇．土壤学．北京:中国农业出版社,2000.

[16]张似松．水稻高产高效栽培技术．武汉:湖北人民出版社,2010.

[17]农业部种植业管理司,全国农业技术推广服务中心．粮食高产高效技术模式．北京:中国农业出版社,2013.

[18]中华人民共和国农业农村部．2018 农业主推技术．稻田综合种养技术．北京:中国农业出版社,2018.

[19]国家农作物品种审定委员会.2017年全国主要农作物品种推广应用报告.第一部分水稻.北京:中国农业科学技术出版社,2019.

[20]全国农业技术推广服务中心.2019年全国农作物主要品种推广情况统计,2020.

[21]杨艳斌,高广金.湖北农事旬历指导手册.武汉:湖北种学技术出版社,2019.

[22]邓凤仪.荆楚现代植稻史话.武汉:湖北科学技术出版社,2001.

[23]杨艳斌,等.超级稻丰两优香一号五种不同种植方式对比试验总结.湖北省农学会论文选编,2016(12).

[24]孙付山,郭光理.襄州区水稻直播生产现状及发展对策.湖北省农学会论文选编,2016(12).

[25]张从义.湖北省稻田综合种养技术推广现状与发展对策.湖北省农学会论文选编,2017(12).

[26]符家安,等.潜江市稻蚱共作田优质稻品种对比试验总结.湖北省农学会论文选编,2017(12).

[27]杨艳斌,李艳阳,刘志雄.不同年份异常天气对中稻生产的影响.湖北省农学会论文选编,2018(12).

[28]曹鹏,等.湖北省再生稻产业协同推广机制创新与实践.湖北省农学会论文集,2019(12).

[29]戴志刚.湖北省水稻土养分现状和变化情况研究.湖北省农学会论文集,2019(12).